行为心理学

(美) 约翰·华生 著 刘霞 译

台海出版社

图书在版编目（CIP）数据

行为心理学 / （美）约翰·华生著；刘霞译．—北京：台海出版社，2022.8
ISBN 978-7-5168-3345-2

Ⅰ.①行… Ⅱ.①约… ②刘… Ⅲ.①行为主义－心理学－通俗读物 Ⅳ.①B84-063

中国版本图书馆 CIP 数据核字（2022）第 120285 号

行为心理学

著　　者：〔美〕约翰·华生　　译　　者：刘　霞

出 版 人：蔡　旭　　封面设计：Amber Design 琥珀视觉
责任编辑：魏　敏

出版发行：台海出版社
地　　址：北京市东城区景山东街20号　邮政编码：100009
电　　话：010-64041652（发行，邮购）
传　　真：010-84045799（总编室）
网　　址：www.taimeng.org.cn/thcbs/default.htm
E-mail：thcbs@126.com

经　　销：全国各地新华书店
印　　刷：三河市兴达印务有限公司
本书如有破损、缺页、装订错误，请与本社联系调换

开　　本：710 毫米 × 1000 毫米　1/16
字　　数：190 千字　　印　　张：15
版　　次：2022 年 8 月 第 1 版　　印　　次：2022 年 8 月 第 1 次印刷
书　　号：ISBN　978-7-5168-3345-2

定　　价：49.00元

PREFACE
前言

约翰·华生（John Broadus Watson），1878 年 1 月 9 日出生在美国南卡罗来纳州的特拉弗勒斯·雷斯特，父亲皮肯斯·巴特勒是一个性情暴躁的小农场主，母亲艾玛是一位虔诚的浸信会信徒。可能是因为母亲在孩子的成长过程中表现得过于严苛，华生在此后的人生中对任何形式的宗教都很反感。13 岁时，父亲抛弃家庭，母亲卖掉了农场，带着华生搬到格林维尔镇居住。在格林维尔，同学们有意无意地嘲弄来自偏僻乡村的华生，加上早期家庭教育的失当和父母离异，华生渐渐变得异常敏感，平时情绪低落，学业表现也非常糟糕。因为这种敏感、极端的脆弱特质，他还曾因两次行为过激而被捕，一次是因为打架，一次是因为在城内鸣枪。少年时期的华生，可谓苦闷至极。

16 岁时，华生按照母亲的期望，进入格林维尔的福尔曼大学选修神学，但是不久就转修了哲学。华生在大学期间开始刻苦学习，五年后，获得文科硕士学位。毕业后的一段时间，他在一所只有一个班级的小学里担任校长。后来，他听说自己过去的哲学教授戈登·摩尔在芝加哥大学任教，就写信向芝加哥大学校长威廉·瑞恩尼·哈柏请求免费入学，与此同时，他也请福尔曼大学的校长给自己写了一封推荐信。不久，芝加哥大学就录取了他。起初，华生师从约翰·杜威学习哲学，后来在心理学家安吉尔的影响下，对心理学产生了兴趣，于是决定转系，师从机能主义心理学家詹姆斯·罗兰·安吉尔和生理学家亨利·唐纳森。为了使学业维持下去，华生在芝加哥同时打几份零工，包括看门、在实验室照管白鼠、在宿舍当服务员。

经过三年的刻苦学习，华生于1903年获得博士学位。毕业后，他留在芝加哥大学教实验心理学，经导师杜威、安吉尔的推荐，担任学校的讲师和心理实验室主任。1904年，华生和玛丽·伊克斯结婚。1908年，约翰斯·霍普金斯大学发来邀请，请他担任心理系主任，还有高薪的许诺，于是他应邀而至。

在霍普金斯大学工作期间，华生投入了极大的热情，颇有建树。1913年，他在美国《心理学评论》杂志上发表了题为《一个行为主义者所认为的心理学》的论文，阐明了他的行为心理学观点，这篇论文后来被认为是行为心理学诞生的宣言。1914年，他又出版了《行为：比较心理学导论》一书。这本书根据1913年他在哥伦比亚大学前后八次的演讲记录编纂而成，至此，其行为心理学理论体系已初具规模。华生的行为心理学观点很快被年轻的心理学家们所接受，他本人在1915年当选为美国心理学会主席。1917～1918年，华生在航空部队信号部门工作了一年，并在1918年开始对幼儿进行研究——这是以人类婴儿为被试对象的最早尝试。1919年，华生的代表作《行为主义观点的心理学》一书出版，他在书内采用了巴甫洛夫的条件反射的概念，系统地阐述了他的行为心理学理论体系。

在约翰斯·霍普金斯大学期间，华生和他的学生兼助手罗莎莉·雷纳陷入婚外恋。在一次家庭聚会上，华生的妻子玛丽发现了华生写给罗莎莉的多封情书。因婚外情的暴露，两人的离婚事件登上了报纸头版。1920年，华生被霍普金斯大学要求辞职，他和玛丽也在1921年离婚。被迫离开学术界的华生，经朋友引荐进入智威汤逊广告公司工作。期间，他还在纽约社会研究新学院和柯柏同盟学院做过很多关于行为心理学的讲座，反响热烈，其代表作《行为主义》也在1925年出版后多次再版。1946年，华生退休并搬到乡下生活，在康涅狄格州的农庄里度过了最后的时光，享年80岁。

行为心理学是20世纪初影响力最大的心理学流派，在这之前，是以威廉·詹姆斯为首的机能主义心理学派占据主导。机能派认为，意识是机体适应环境达到生存目的的工具，其学派任务是对意识状态的“适应功能”进行描述和解释。詹姆斯认为，意识状态是一种连续不断的整体——即“意识流”，人和动物的灵魂都是“本能”冲动起作用。机能派心理学研究的对象是意识，而心理学是对意识状态的描述和解释，意识状态是一种永不停歇的状态，詹姆斯反对把意识分解为基本元素的做法，认为这种做法破坏了心理的整体。詹姆斯关于意识的观点主要有：灵魂是个人意识的一部分，而意识是经常变化的；每个人的意识都可以是源源不断出现的，每个人的意识状态都是意识流的一部分；等等。不过，詹姆斯最为得意的创作还是他的“内省法”。

内省法对研究人的心理有非常重要的作用，因为人的外部行为和内部心理活动的关系往往不是分离的，而是相关的。但是，心理学研究又不能仅用内省法而妄下结论。因为人对于自己的心灵或者心理状态的自我观察报告，都是在内省之后通过回想得出的，而回想的准确程度非常低。而且人的心理活动有的是可以感觉到的，有的是尚未感觉到的，尚未感觉到的心理活动根本不可能进行内省，即使是意识到了的心理活动也未必能做出精确的报告，甚至不愿报告或者提供虚假报告。因此，内省法存在严重的缺陷，这也预示着詹姆斯的机能心理学已经脱离实际而走到了虚妄的边缘。很快，心理学界出现了一批又一批的机能主义心理学批判者，在众多批判者中，行为心理学学派逐渐获得了人心。行为心理学家将“意识”这个概念从心理学中剔除，使心理学成为一门自然科学，他们主张用客观的实验去研究心理学，而不是靠不切实际的“内省”。行为心理学强调客观，也就是认为物质决定意识，它颠覆了以往所有强调意识的心理学学派的思想，同时，行为心理学家也从心理学角度发动了一场对唯心主义的有力批判。

总而言之，行为心理学为现代心理学的发展做出了重大贡献。它存在和发展的时间长达半个多世纪，从20世纪20年代到50年代，它一直都是心理学界最先进的思想。行为心理学使心理学真正脱离了哲学和神学，推动心理学向成熟的科学方向迈出重要的一步，心理学由此成为一门自然科学。

当然，由于社会的局限性，现今行为心理学的很多理论也逐渐变得不合时宜，其中的S–R理论很片面，在一定程度上阻碍了心理学对意识的研究。随着社会的发展和科学思想的变迁，行为心理学再一次被否定，就像以前行为心理学否定机能主义一样。不过这也证明，心理科学的发展是有规律可循的，它会随着社会的发展而发展，随着人们认知水平的提高而提高，随着内部矛盾的化解而更新。

行为心理学的兴衰告诫人们，作为心理科学研究人员，只有把握好时代的脉搏，正视当前心理学中存在的局限，不断创新自己的理论和思想，才能让心理学经久不衰。

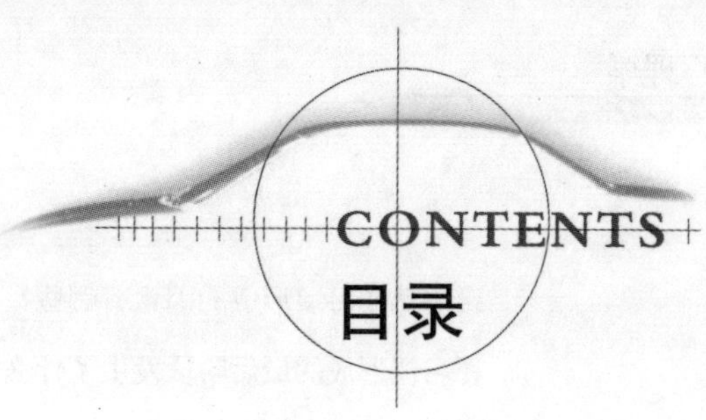

第一章 心理起源：告诉你什么是行为心理学

第二章 习惯性行为：最本能、最真实的行为心理学

第三章 克服妒忌心理:怎样克服嫉妒心理

第四章 人格心理学:揭示最真实的人格魅力

第五章 学会战胜恐惧:怎么克服恐惧、害怕的心理

第六章 人性的弱点：行为心理学家的人性分析

第七章 天赋与本能：行为心理学家眼中的人体潜能

第八章 情绪心理：人类与生俱来的情绪反应

第九章 情绪反应：条件反射中的实验与观察

第十章 言语与思维：行为心理学中的思维分析

第十一章 婴儿行为心理：人类最本真的行为反应

第十二章 人体生理反应：外部刺激带来的行为变化

第一章

心理起源：告诉你什么是行为心理学

行为心理学一反传统心理学，采用内省的方法，以研究人飘忽不定、转瞬即逝的“意识”为方向，即对人的行为本身进行研究，因而影响广泛。在研究方法上，行为心理学主张采用客观行为观察的实验方法，而不是意识的内省法。因此要想真正了解行为心理学，就需要明确其基本概念，因为这是指导我们打破旧有的心理学观念束缚，彻底抛弃以意识为主的思想的核心理念。

1. 行为心理学中的刺激与反应

夜晚，将探照灯的光打到人的脸上，人的瞳孔便会迅速收缩，而如果将光源切断，人的瞳孔又会重新放大。在气氛和谐的室内，若是突然有东西掉落到地上发出巨响，那么，屋内的每个人都会因受到惊吓而左右张望。又或者室内有难闻的气味，屋里的人也会捂着鼻子出去透气。室温升高，室内的人就会出汗并脱掉上衣，但将室温控制在一个很低的温度线下，室内的人又会做出冷、多穿衣服等反应。

我们的体内也有因刺激而产生作用的诸多部位，例如，因为没有进食的缘故，胃部的肌肉开始有节奏地进行收缩，而一旦摄入了足量的食物，胃部又会停止收缩。我们身上的肌肉也不仅仅只受到来自血液的刺激，它们同样受制于自身的张力——张力增强，会使得肌肉和躯体充满活力，充满内劲；而张力减弱时，肌肉就会松弛，使得躯体失去活力。

动物和人类作为个体，会不断地受到来自客体环境的刺激，包括身体内部组织本身的变化所带来的刺激。但需要注意的是，千万不要认为我们的身体内部组织对我们的影响力，比外部客体对我们施加的影响力更为神秘或者不同。

人类除了眼、耳、鼻、舌这些感觉器官外，还有整个肌肉系统，包括横纹肌、非横纹肌。这些肌肉不仅仅是反应器官，也是感觉器官。在人类的行为方面，它们起着非常重要的作用，人类绝大多数的反应都是在横纹肌和内脏组织发生变化或受到刺激时引起的。

如果有人关注过人成长的过程，他就会发现，新生儿的成长过程中虽然有很多刺激能够引起他们的反应，但同样也有很多刺激不能引起他们的反应。比如人们将蜡笔画或者贝多芬的交响曲乐谱放到新生儿的面前时，就不要指望新生儿能够做出什么反应。在接下来的论述中，我们将会与大家一起探讨那些在一般情况下不会引起反应的刺激，以及那些能够引起人们反应的刺激——我们把后者称为“条件反射”。

从出生到死亡，有机体无时无刻不在受内在的或外来的刺激，而当有机体受到刺激时，就会开始反应，做出运动。这些反应可能是大幅度的，能够通过肉眼观察到的，如手臂、大腿、躯干的运动；也可能是十分微弱的，只有通过相关仪器才能检测到。这样的微弱反应，可能是以呼吸的变化反映出来，也可能是以血压的升降表现出来，还可能是一丝不易被人捕捉到的眼神流露。

在大多数情况下，个体都会为了适应刺激所带来的袭击而做出本能的反应。在适应的过程中，个体会通过运动改变自身的生理状态，以使刺激作用消失。也许这么说不够形象具体，但通过以下举例，这个问题就不难理解了。依然拿饮食举例，当人感到饥饿的时候，胃部会开始收缩，接着我们会难以忍受，感到心情烦躁，于是开始寻找有什么可以吃的。这时，我们可能会惊喜地发现冰箱里仍有剩下的奶酪面包，于是便饥不择食地享用起来。饱餐一顿之后，我们的胃部得以恢复，即便大街上的超市和购物中心里摆放着各式各样的令人垂涎欲滴的食品，我们也不会再有进食的欲望。或者在寒冷的冬季，走在大街上，强风刮到我们身上，我们就会加快脚步，寻找一个可以挡风取暖的地方来驱散身体里的寒气。又或者我们饮酒过度时，脾胃为了保护自己不受伤害，也会迫使喝酒的人把酒吐出去。其实，以上这些都是有机体为了适应刺激、保护自己而做出的反应。

行为心理学家对“刺激—反应”的研究和强调，引起了一些心理学家的不满，他们认为行为心理学家的兴趣是记录肌肉的反应，而对这些肌肉反应的观察与总结对心理学的研究并没有实质性的帮助。为此，我要声明，行为心理学家的主要关注力集中在整个人类的行为上，而不单单是肌肉反应。具体研究时，行为心理学家会观察一个人如何在工作日履行他的职责，他们对反应的研究无非是想清晰明白地告诉人们，一个人正在做什么，还有为什么要这么做。所以，那些宣称行为心理学不过是研究肌肉反应的心理学家，他们对行为心理学的歪曲理解是没有科学依据的。

2. 行为心理学与社会的关系

在针对社会发展进行实验时，我们通常会面临两种情境。

第一，当社会情形变得无法容忍时，我们要采取怎样的行动才能将自己从困境中解救出来？现实中，我们在绝大多数情况下都会盲目地采取行动，而在采取行动前，又通常会给自己这样进行心理暗示：在这样的境遇下做出如此的改变，虽然无法肯定一定能进入坦途，但至少要比现在的境遇好。其实，这是不知道社会实验将会引发何种反应而做出的应激行为。

第二，想要某批人或者某个地区的人做某件特定的事，但我们现在不知道该如何让那些人做出这样的反应。不同于第一个对于反应是未知的社会实验，第二个社会实验操纵刺激的目的，不是为了看将要发生什么情况，而是要看刺激能否引起特定的反应。

我们可以通过举例来说明其中的差异。对于第一种社会实验，我们在生活中是常见的，人们对其结果往往不能预言，最典型的例子就是战争。

当一个国家发生战争时，国内和国际会做出怎样的反应是不可预计的。

还有就是应对社会窘况时，所采取的一些盲目对抗行为。我们知道，酒吧给美国社会带来了很多遭受谴责的影响。由于酗酒带来了很多家庭暴力问题，为了保护妇女权益，政府实施了禁酒令。但是，这个政策会激起的社会反应是无法预测的。即便想要通过禁酒来降低犯罪率，减少婚外情等有违治安的现象，但是对于那些热衷于研究人的犯罪性和地域文化的学者来说，虽然无法预测将要发生的情况，但也能够清楚地知道，禁酒并不会使犯罪率降低。禁酒令会使地下私酒买卖泛滥，很多人通过贩卖私酒来赚取丰厚利润，酒贩子的潜力因此得到深度挖掘——有人把福特汽车的中间掏空偷运酒，有人用婴儿车来偷运酒，还有人在家里藏酒的地方安装假门。禁酒令还带来了严重的社会问题，一纸空文根本无法消除人们喝酒的欲望，正规市场虽然被禁了，但地下黑市得到了飞速发展。尤其严重的是，在禁酒令实施之前，因为没有财政依据，黑社会如何人们不得而知；而禁酒令实施后，依靠私酒贸易带来的暴利，美国的黑社会开始发展壮大。与此同时，警察也日益腐败，犯罪率不断上升。禁酒令没能如预期一样，净化国民的道德情操，反而导致成千上万的公民因参与酒的走私而被枪杀，也有一些人因为酒精中毒死亡，而且凶杀案频发。禁酒令颁布 10 年之后，许多美国人开始呼吁解除禁令。当时正值美国经济大危机，全国上下惶惶不可终日，美国人希望飘香的美酒能缓解他们紧张忧虑的心情，唤起他们对新生活的渴望，希望重启的酿酒业、售酒业能刺激深陷危机中的经济，使之早日复苏。最终的社会反应表明，禁酒弊大于利。

以上都是第一种社会实验激起的状况，这些状况的出发点仅仅是为了改变糟糕的现状，并没有明确想要实现的目标和反应，其行动是盲目的、无序的，毫无严谨性、逻辑性可言。

现在我们开始讨论第二种社会实验，即在反应是已知的且被社会认可的条件下，我们如何使刺激所激起的反应导向刺激本身。这个过程需要建立一组组的刺激方案，而后要严谨有序地加以求证。这里通常被人们接受的反应是婚姻的和谐、未婚者的克制、参加教会，还有基督教中要求的积极行动。我们为实现这些既定的反应，需要从刺激源中逐渐筛选出有效的刺激方案来得到既定的反应。试想一下，行为心理学家通过“刺激—反应”的方程式来解决社会问题，从刺激所激起的反应中积累大量的数据资料，再从引起既定反应的刺激中建立刺激源的数据，有了这套数据资料，相信行为心理学家的研究会对我们的社会发展产生不可估量的价值。而且，行为心理学家相信，科学地从“刺激—反应”的方程式去研究社会现象，并在此基础上建立起来的社会学的结构和知识，才是真正的社会学。

3. 在生活中建立一套自己的实用心理学标准

对于行为心理学在研究“刺激—反应”方法上的问题，我们已经做了详细的讨论。不过这只是在实验领域中的，那么在生活中，我们能否通过观察人们的行为反应，建立起一套自己的实用心理学的标准呢？答案是肯定的。其实，几乎每一个生活能够自理的人，都已经训练出了相当程度的观察能力，并且在这种能力之上，也已掌握了或多或少的心理学知识，即便这种知识在每个人那里还不能自觉地用心理学术语表述出来，但其应用实质与心理学无异。

一个人倘若没有这种观察能力，将在社会上无法立足。而善于观察的人如果足够细心，那么，对他人和自己的观察就越是透彻，也越容易与他人和谐共处，而幸福的生活总是离不开这一点。这可以算作对心理学的实践，我们将之称为“实践心理学”。

上周，有个疲于应对自己生活的人邀我给他做一次心理辅导。由于前几日参加了一次超负荷的健身运动，他感到浑身疼痛难忍，同时抱怨着这些日子发生的所有的烦心事。我试着用语言让他放松下来，我对他说：“请稍稍放松你的臂和腿，做完该做的事以后，去洗个温水澡，一切都能恢复常态。”听完我说的话，他就开始享用早餐，心情也舒畅了起来。吃完饭后，我们去赶火车，结果晚了十多秒，未能赶上。于是他火爆的脾气又被点燃了，抱怨的声音如同火药般在我耳边乱炸：“那么长的时间，这趟火车从来没有准点过，偏偏今天准点。”他发泄怒气的时候，就像孩子一般脆弱，谁都能看出他情绪的低落。

因为这件微不足道的事，就让自己陷入如此混乱、无序、愤怒的境地，可见他在日常生活中是多么备受煎熬。目睹了这一幕，我不得不向他发出警告：“你得注意自己待人接物的态度，如果你时常将自己的怒气向周围的人发泄，不但会伤及别人的感情，还会使得原本可以有个好结果的一天变得更糟。”于是，他试着平复自己的心情，在进入办公室的时候，面带微笑地与照面的人点头问好，接着便着手工作，渐渐沉浸到自己熟悉的技术世界中去了。

通过观察他这一天的生活状态，我差不多把他摸了个透，也确信自己能够帮助他扭转他的个人情绪。如果我有多余的时间陪伴在他的身边，参与他的整个工作日，也参与到他的家庭生活中去，相信很快就能使他的生活状态得到改善。我通过观察了解他的个性，进而就知道他在生活中哪方面处理失当，他的人际关系如何，家庭状况和事业状况如何。而这一切，我不需要让他通过内省或者对自己的行为进行心理分析来表述。行为心理学家只要遵循一定的原则，在一些方面对他进行培训，用不了多久——可能几个星期，可能一两个月，一个崭新的人就能出现在我们面前。因为行为心理学家就是如此坚信，心理学不单单是用来分析飘忽不定的个人意识的，还可以真正融入每个人的生命中去，是对他们产生革命性影响的学科。

也许有些读者认为这样说言过其实，但是不妨抱着试一试的心态让它渐渐融入自己的生活中去。没有人会在学砌砖头的时候拿自己的房子做训练，所以在用心理学改变自己的生活之初，你需要不断地、日复一日地对他人的行为心理进行观察、分析，并以此作为对他人心理的把握和对自己意识变化的参考。如果你想更进一步、更系统地培养自己的观察力和行动力，你就需要将自己在日常生活中观察到的东西系统地归类、累积，用内隐的语言表述出来，以便形成深刻的认识，在自己的脑海里留下鲜明的印象。假如你内隐的语言这样说道："这个人是我见到过的最冷静的人，他始终心平气和，用沉稳平和的语调在讲话。我以后能否像他这样说话呢？"那么，这内隐的语言势必会对你产生刺激作用，因为它已经对你形成了间接的暗示，即"我也想成为这样的人"，它的呈现方式是如此含蓄、谦卑。在以后的生活中，它便会一直潜移默化地影响着你的行为，直到你真的成为这样的人。

当然，我们在提倡通过观察形成自己甄别事物、鉴别人物的标准的时候，也不能忽视格言的重要性。格言是历史上一代传一代，经过反复修饰、删减、凝练出来的社会实践语录。之所以要注重培养自己的观察力，是因为自己观察到的东西更容易内化、合理化，而盲目接受二手材料容易养成机械的方程式思维。但我们也无须拒绝这种集体社会实验的总结，只要我们通过自己的观察、分析，对这些格言进行过检验，我们就能真正将之内化、合理化。

4. 行为心理学应该成为一门学科

在本书中，我尽量用翔实的实验资料来帮助大家理解我们的观点。尽管其中有些东西可能还未被大家理解或接受，但一定能引起你们对某些问题的进一步思考，我们的观点也将会在以后的日子里做进一步的完善。但是在这里，我想说的是，我愿意借本次讲座说明一点：当存在这样一种心理科学，即一种独立、有趣、有价值的心理科学时，它在某种程度上，一定会成为我们探索人类生活的基础。所以在我看来，行为心理学应该成为一门科学，因为它为我们的生活提供了一个基础。我们每一个人在理解自己的行为时，都会依据一个主要的原则，而行为心理学为理解这一原则做了准备，因此，它应该使所有的人产生一种这样的渴望，那就是重新安排自己的生活，特别是为培养孩子的健康发展而做准备。对于这一点，我希望自己能有更多的时间来加以讲述。

每一个可爱的孩子，我们都应该让他健康成长，如果我们能够通过自己的努力，使他健康成长，然后为他提供一个锻炼其行为的世界——这个世界是一个没有受几千年民间传说束缚的世界，没有受耻辱的政治历史阻碍的世界，没有被毫无意义的愚昧的风俗禁锢的世界。在这里我只是努力地想带你们追逐一种语言的刺激，如果这种刺激可以起作用，那么这个世界将会被逐渐改变。而随着世界的改变，我们再对孩子进行培养时，会将目光集中在一种我们很难用语言来描述，并且知之甚少的行为心理学自由上。我想这些孩子是可以按照次序，用更好的生活和思考方法，使得我们这个社会得以重新恢复。他们会按照次序，用一种更科学的方法，对他们自己的孩子进行培养，直到这个世界成为适宜人类居住的地方。

5. 放弃灵魂，心理学就是科学

在对比传统心理学和行为心理学时，我们在新旧心理学之间最容易发现的不同之处就是：传统学派一致认为人的意识是心理学最核心的研究课题，而在行为心理学中，人类的行为和活动才是心理学真正的研究课题。行为心理学宣称，意识的概念如同远古时期人们使用“灵魂”一词一般，只不过换了一种说法，它既不能界定，也不是一个有用的概念。因而，行为心理学家认为传统心理学是一种受制于心灵体验的宗教哲学。

在讨论行为心理学之前，我们不妨先回顾一下行为心理学诞生之前，即 1912 年之前，曾处于鼎盛状态的传统心理学。

灵魂和超自然的观念由来已久，久到我们已经无法溯源，没人知道它们是怎样产生的。有人猜想，它们也许是一些人在懒散的状态下幻想出来的。在原始社会，会有这样一群人，他们拒绝和同类出去劳作，既不参与狩猎，也不参与其他活动，这使得他们有足够的时间去观察同类。于是，人类的本质在他们敏锐的观察力下，被揭开了朦胧的面纱。

他们发现，自然界中有一些声音会引起同类的恐慌，如雷声、轰鸣声，或者其他与常态不符的声音。这些声源迫使他们的同类做出恐惧的反应，或大叫，或躲藏，并停止一切劳作。

在这种环境下，人们养成了条件反射的习惯，当环境的刺激作用出现时，人们就会做出相应的行为。所以，在发现这一状况后，这些人中，一些精于观察的人就会对人的恐惧心理加以利用，或通过设计一些手段来让他人恐惧，以图控制他人的行为。这种做法在日常生活中并不少见，如一些家长为了让孩子安静下来，也通常会这么做。他们会在一个雷声轰鸣的夜晚，对自己的孩子说，在这样的夜晚，外面可能有强盗来抓他们等诸如此类的话，而且这招通常很奏效。类似于这种方式，原始人中智力相较于同类更高的人，也会用诸如“符号”“象征”“仪式”等工具，去施加自己对于智力低下的人的管辖，巫医即是一个典型的例子。他们通过帮助别人占卜、解梦、预言、规划来获得报酬，自己则很少劳作。另外，占星家、预言家、解梦家等也都属于此类。而当历史发展到一定程度，巫医间的组织就形成了，他们是众人的领袖，拥有超出所有人的智慧，于是宗教、教会、寺庙、教堂就诞生了。在今天，这些巫医还有着各式各样的名号。

对人类心理史的研究表明，人的很多行为容易被恐惧的刺激所掌控，即他们的行为是出自恐惧。恐惧的要素如果离开了宗教，那宗教便无以维系。当然，宗教的目的不是为了恐惧而存在的，它最终是为了释放人的恐惧，解放人而存在的。就教会而言，在释放恐惧的过程中，信奉上帝的人们被要求认识“罪孽”“邪恶”“原罪”等概念，而牧师在这个群体中就扮演着管家的角色，在管家之上是上帝，或称耶和华，他是众信徒的父。

有了这样的历史沉淀，我们每个人都有一个可以与躯体相分离的灵魂，这个灵魂曾是上帝的一部分。这一概念产生了哲学上的一个纲领——“二元论”，即身与心的各自独立性，也就是说，我们有着与身体相独立的心灵（灵魂）部分。传统心理学正是基于这样的二元论展开的。怀疑灵魂的存在就意味着自己是个异教徒，在很久以前，这个行为是会招致死刑的。即便在当今这个时代，也很少有人会对此产生异议。

文艺复兴时期，自然科学的发展使得人们能够将灵魂的话题不纳入一些问题的考虑范围，如天体力学、天文学、万有引力等。一些自然科学在历史的发展进程中，摆脱了对于灵魂问题的回避，但心理学、哲学依然在漫长的时间里热衷于对非物质对象的思考，在阐述理论时他们也难以回避宗教的语言，心灵和灵魂概念对心理学的影响力一直持续到19世纪后叶才得以停息。

心理学的发展虽然有着很长的历史，但是由于本身研究对象的复杂性和不确定性，在很长的时期里，它都一直没有获得重视，没有独立的地位。随着工业的发展和科学技术的进步，人们的生活越来富裕，要求心理学独立的相关人士的呼声也越来越高。赫尔巴特是第一个宣称心理学是一门科学的进步人士，但他排斥使用实验的方法去研究心理学。费希纳出于为自己的哲学观点进行辩护的目的，对心理现象做了物理学方面的测试，使实验心理学有了一个良好的开端，但他的测试并不是为了创立心理学科学而做的。在这方面做出开拓性进展的是冯特，1879年，冯特主持建立了世界上第一个专门针对心理学研究的实验室，他用实验法建立了新的实验心理学体系，使得心理学正式宣告独立。冯特的一位学生感叹道，没有灵魂，心理学至少成了一门科学。但这50多年来，我们一直维护着冯特创建的伪科学，因为在冯特和其学生所完成的一切工作上，灵魂的概念不过是被新的意识概念偷换了。

6. 打破主观的行为心理学

基于传统心理学无法自圆其说的论调，行为心理学家决定不再寻觅那些捉摸不定的意识和无法实现统一的各种论断。他们做了一个决策，决定放弃对心理意识的研究，如若不然，心理学将会永远被自然科学拒之门外。在当今这个时代，医学、化学、物理学都取得了非凡的进步，其中的很多科学家得到了举世的认可，然而心理学却一直止步不前。在以上诸多取得非凡成就的领域，科学家在实验室里的每一项新发现都具有极其重要的意义：他们从实验室里剥离出来的每一个要素，都可以在其他实验室里被以相同的形式剥离，而且这些要素都无一例外地依循着科学的经纬被直接处理。如我们已经熟知的镭、胰岛素、甲状腺素，还有诸多千奇百怪的发现，这些要素可以在相同的实验条件下被提取，而提取它们的方法又是清晰明了的。类似这样严谨、客观的实验方法，在推动人类社会进步的进程中发挥了重大的作用。

正因为如此，行为心理学家觉得不能再让传统心理学的自我意识捕捉的研究成为常态，要进行颠覆性的研究革命。他们面临的第一个严峻的任务就是在研究课题和研究方法上取得共识，在搜集整理了中世纪以来所提出的所有概念之后，提出自己的心理学问题的公式。诸如“感觉”“知觉”“意象”“愿望”“意念”“情绪”“思维”等从主观立场出发的术语，研究者现在都要从科学、客观的立场出发，将一切主观性的术语清除。

7. 行为心理学家的研究纲领

行为心理学家问道：我们之前在研究心理学时，一直将注意力放在不能被客观观察的事物上，这使得观察者本身对意识的捕捉也显得力不从心，令实验的过程缺乏客观性，实验的结论不具备可复制性，不能被检验。那么，我们为什么不能换个角度，将注意力从对飘忽不定的意识的捕捉分析上转到对客观行为的直接观察上？我们为什么要去研究分析缺乏客观性、规律性的意识，而不是去阐释客观行为的规律？之前观察了那么久，我们又观察到了什么？我们唯一能够观察到的是行为，一个有机体或做或说的行为。虽然说作为外显的语言活动，是思维外显的呈现，但思维本身也是内隐的语言，是如同棒球运动一样的客观行为。

行为心理学家主张将人类一切的行为活动，都用“刺激—反应”的公式来解释。“刺激”是指一般环境中的任何客体对主体施加的影响力，或者是主体自身的生理在组织内发生的变化。例如，我们可以在生活中指责一些懒人，或者阻止一些人进食，也可以对一些人的不当行为进行适当的惩罚，对于这些人而言，我们施加的影响力就属于客体的刺激。那什么是“反应”呢？动物所做出的一切活动都可以称为“反应”。趋利避害是一种反应，遭受突如其来的变故而受到惊吓也是一种反应，读书、写字、聆听，成家立室、工作筹划等都是反应。总之，行为本身即是反应。所以行为心理学的研究纲领，是对人的一切行为做出“刺激—反应”的观察、研究、解释、归类。

8. 行为主义与心理学、生理学

在行为心理学家表明自己对心理学问题的观点后，一些人产生了质疑：通过研究行为的方法去研究人的心理是有价值的，但这并非心理学的全部，且忽视了很多其他问题。一个人难道没有感觉、知觉吗？一个人难道不会对一些事物进行记忆和遗忘吗？那些看到、听到过的东西难道不会使人产生视觉上、听觉上的意象吗？难道人对那些事物的记忆、感情仅仅是生理上的一些物理化学反应吗？一个人是否能根据实际情况来决定做或者不做一些事？这是否要我们认为，与其相信这些感受是真实的，不如在行为心理学的影响下接受它们并非真实的事实？这简直是胡扯，行为心理学家正以高举自己主张的野心，试图去瓦解人类社会的一切感情、记忆，还有信仰的真实性。

如同我们所知道的那样，这些疑问和主张，是内省心理学产生的根源。但绕了很大的圈子之后，你们终究会发现，如果不抛开这些从主观感受出发的心理学术语，人就无法从行为心理学的立场出发，去解释行为背后的心理活动。新酒不能放在旧的瓶子里，因为旧瓶子破了，新酒就要流出来，我们要为新酒预备一个新的瓶子。在接受行为心理学的宣言之前，我要求你们放弃一些曾在你们的思维中根深蒂固的观点，当你们的自然对抗性减弱之后，接受行为心理学的观点就不再是什么费力的事，以至于你们今后将会习以为常地使用行为心理学的观点，来解释你们曾经无法用传统心理学解释的问题。其实，你们并不知道自己惯用的那些心理学术语意味着什么，但接受行为心理学的观点之后，你们就会发现这些术语在很多时候会让它们的信奉者自相矛盾而无言以对。但这些术语如今早已深深地融入你们的社会生活和传统文化之中，希望我们能够在接下来的共进中忘记这些令人迷惑的术语。

内省法在心理学研究里并非是自然、容易的方法，它其实是一种不理想的办法，这种方法使得研究者陷在一个旋涡里不断地打转，摸不着出路。其实，我们能够最直观地观察到的，它仅仅是人的基本反应形式。从行为心理学的角度去观察生活中的事物，比如从你的邻居开始，从日常中观察他们的行为，你渐渐就会推测出他人的行为的理由或者会根据情境做出准确的判断，甚至可能成为这方面的专家。

行为心理学是将人类的客观行为反应作为自己的研究对象，它已成为自然科学的一部分，它最亲密的伙伴是生理学。生理学热衷于动物器官的功能，比如消化系统、循环系统、神经系统、排泄系统以及神经和肌肉反应的机制等。行为心理学刚好借用生理学方面的知识，并在解释人和动物的行为时将之应用其中，而行为心理学家在有感于器官作用的同时，更关注人和动物从早到晚的行为。行为心理学家希望通过对行为的观察、分析，来达到预测、控制人和动物的行为的目的，就如同物理科学家意欲通过对自然现象的研究、分析来控制自然现象一样，预测、控制人类的行为，是行为心理学家研究事业的出发点，不过这一切必须建立在实验的基础上。由实验的方法得出的数据在累积到一定量时，行为心理学家会对这些数据进行整合，之后，训练有素的人就能通过外界所施加的刺激，来预测人和动物会出现的反应，也能够由一些反应推测出引起它们的某种情境、刺激。

在我们继续讨论下去之前，先来对这两个术语——刺激和反应，做一些深入的探讨。

9. 习得性反应与非习得性反应

按照常识，反应可以分为两类：外部反应和内部反应，在行为心理学里，它们被称为外显反应和内隐反应。外显反应，是我们在日常生活中可见的行为。一个人正在踢足球，或者坐在餐厅里与人聊天、向异性示爱，又或者正在开车行驶等，这些不需要仪器就能用肉眼观察到的行为，都属于外显反应。还有一些反应，人的肉眼是捕捉不到的，也不可能通过行为表现出什么，因为这些反应仅仅限制在体内的肌肉和腺体系统中。例如，一个饥饿的人在餐厅外面走来走去，时不时地瞟一眼餐桌上的美食。从外人的直接反应来看，这可能是个闲人，也有可能是在等某个人。但相关的科学测量仪却显示，他的唾液腺正在分泌口水，并且胃部正在有节奏地进行收缩运动，因为内分泌腺的分泌物进入了血液，所以此人的血压也发生了明显的变化。内隐反应和外显反应本质上并没有不同，区别仅限于肉眼可察与不可察。

反应的另一种分类是：习得的反应与非习得的反应。在成长的过程中，我们对事物做出反应的刺激范围也在不断扩大。习得的反应，是指我们生活中的一切复杂习惯，还有相应场景下的条件反射。虽然我们在日常生活中的大多数行为都是在后期习得的，但在这些行为中，仍然有很多行为是不学而能的，例如瞳孔因为光源远近的缘故而进行收缩运动，热时会排汗，还有心跳、呼吸这样无时无刻不在运动的功能，都不是通过习得而有的。

以上关于刺激和反应的讨论，有助于我们梳理出心理学领域应该研究的课题。行为心理学在实验过程中通过制造刺激来观察人的反应，最终要达成的目标，是根据某种刺激对人的行为做出预判，或者根据人的行为来推导引起该反应的刺激。

10. 传统哲学、社会科学将何去何从？

在行为心理学尚未站住脚跟时，几乎每天都会出现这样的疑问：既然传统心理学无法对“心灵”和“意识”等术语做出明证，也无法从其他角度找到他们客观存在的证据，那么，如今围绕这些术语建立起来的庞大的哲学体系和社会科学体系又将何去何从？当然，行为心理学在自己的立论上过于新颖，理论领域尚未成型，立足尚未稳固的环境下，虽然敢于发问，却不敢给出解答。这个问题实在过于庞大、严峻。为了不使行为心理学发展的理论因为这个问题而止步不前，我们也曾多次告诫自己：“目前，我们不能让这个问题困扰自己。行为心理学的诞生，是为提供解决心理学问题的满意方法，它是从方法论的角度去探讨心理学问题的。”回避的时间已经够长了，如今，行为心理学的影响已经牢固、深远。在这里，心理学研究领域的新的大门被开启了，过去那些围绕心灵、意识建立起来的哲学和社会科学将何去何从的问题，已经不再继续困扰我们——我们会做出越来越恰当的解释。

如今，行为心理学能够大胆地向传统心理学家发起挑战：“请向我们展示你们的可靠方法，请向我们表明你们的合理主题，请为我们提供一

个围绕你们建立起来的、能够真正促进发展中的学生思想的哲学和社会科学。”

心理科学在过去的10年里，出现了很多可喜的发展及成果，它不再用高墙把自己和行为心理学隔离开来。曾经的心灵概念的科学，也开始有了新的发展动态，我用下面的表格来展示它们的发展趋势。

受制于意识概念的传统学科	将会呈现出的发展趋势
内省心理学	行为心理学
机能心理学 哲学	逐渐消失，成为历史
伦理学	完全基于行为心理学方法的实验伦理学
社会心理学	过去对于家庭、乡村、民族、教会等群体的研究，如今已经成为行为心理学的研究内容。行为心理学会研究群体在形成过程中如何使其他成员培养习惯，以便对单位个体进行管理
社会学	正在并入行为心理学的社会心理学和经济学
宗教	正在被实验伦理学的教育所取代
精神分析（主要以宗教、内省心理学和巫术为基础）	正在被行为心理学对儿童的研究所取代，在这个研究领域，科学的研究方法是以儿童的条件反射和无条件反射为基础。当这些研究进入理想阶段时，成人心理变态的障碍或者失调就会逐渐消失

以上诸多的讨论和论述都已证明，行为心理学的公式正在成为心理学、哲学、社科领域的核心论题。在后面的篇幅里，我将会继续证明，行为心理学的主张才是解决所有心理学问题的直接途径。

第二章

习惯性行为：最本能、最真实的行为心理学

本章我要跟大家讨论的是人类的动作与习惯。我们在前面已经讲过，人在婴儿时期还处于非习得的活动中，因此，对于外来侵犯是无法抵御的。我们可以做这样一个比较，从1岁孩子的发展和1岁猴子的发展，来看两者之间的差距。

人类的初期无疑是无助的，但尽管这样，人类也会最终成长为动物界中独特的生物。那么是什么使得人类最终具有这样的独特性呢？归纳起来无非是这样几点：（1）内脏或情绪习惯的数目、灵敏性与准确性；（2）喉部或语言习惯的数目、复杂性和完美性；（3）动作习惯的数目和完美性。

我希望大家能同我一样，对我们的身体，即我们的手、手臂、腿和躯干习惯所具有的巨大能力保持好奇之心，接下来和我一起去认识“动作”一词所包含的躯干、手、腿、手臂的组织结构，因为这个问题有必要弄清楚。

1. 习惯使个体适应自己“遭遇的情境”

我们知道，人在婴幼儿时期，是不断通过光线、声音、触摸、视觉、嗅觉来接受刺激的，而我希望大家只把这些刺激看作是人所处环境的一部分，也就是人所在的外部环境。在这个时期，人还同时通过分泌的产生与缺乏、压力的存在与缺乏、食物在肠道中的移动以及体内的肌肉来接受刺激。而所有内脏的、体温的、肌肉的和腺体的刺激，不论是否有条件，它们都是确实存在的刺激物体，就像我们面前的桌子、椅子一样实实在在存在着。它们构成了人的内部环境，但在有关环境和遗传的相对影响的讨论中，这部分环境往往被遗漏。人处在不断的刺激之中，也正是源于这些刺激，人类才具有了现在这样的结构。其实不只是人类，别的动物也是如此。也就是说，在内外部刺激的作用下，人类和动物必然会产生活动。经常受到两个环境刺激的个体，不会只对内部或外部刺激做出反应。比如当一个人在胃部收缩，即饥饿的时候，就会伸手去抓取食物；看到警察时，会下意识地想躲起来；还有的人如果手里钱不多，就会暂缓结婚娶妻的打算等。同样的道理，一个在年轻时接受过语言训练的人，不会放任自己与暂时性的伙伴进行交往。

正是在内外部的有力刺激下，人的身体不得不做出反应，产生行为。由于这些刺激的作用，人的躯干、手、手臂、腿不断地进行活动，内部腺体反应器官不断产生各种反应，而且婴儿时期的这些活动还是按照一定规律进行的，很自由。不过，假如我们不想让这些组织被别的类似的活动所影响，它们也就不会是自由的了。当刺激产生时，这些活动就会直接对其做出反应，而且会随着时间的推移，变得越来越有规则和秩序。也就是说，不断的刺激、不断的活动会变得极有规则。而个体受到的刺激影响，不仅限于清醒时，睡眠期间也会受到，这个不是静止的。

那么，个体是否处于一种顺应状态呢？一些心理学家和精神分析学家认为，个体必须不断顺应。对于这个观点，行为心理学家有不同意见，他们认为，仅仅顺应的人，是对任何刺激都没有反应的人，就像一个没有生命的人。事实证明，个体对刺激 A 做出反应，接着必须对刺激 B 做出反应，来改变他的环境。不管这种反应是习得还是非习得，抑或是二者的结合，最后都会有两种情况出现：刺激 A 实际上已经被刺激 B 去除；由于对刺激 B 的反应，个体忽略了刺激 A 的范围。在第一种情形里，A 被消除了。在第二种情形里，新的环境使刺激 A 对机体的有效刺激停止了。我们可以通过下面的例子来理解这一问题：一个饥饿的人，先是胃痉挛，即刺激 A 出现，这时，个体开始活动，进入餐厅吃东西（刺激 B），即个体进入了食物补充的环境。此时，由于个体进食，即刺激 B 产生后，刺激 A 立刻停止，也就是胃部不再痉挛，这就意味着“顺应”作用。事实是，一个人吃饱饭后，虽然不再遭受饥饿的刺激，但其他的刺激会马上产生影响，使其做出其他反应。由此可见，我的观点是成立的，即机体不会也不可能顺应。对此，我再举个例子以说明我的观点的科学性。事实如下，个体对刺激 A 做出反应会引起环境改变，这时刺激 A 就不再发生作用：个体 X 躺在床上准备睡觉，街边的路灯从窗帘的缝隙中投射进来，正好照到他的眼睛，他翻转了一下身子，可是还不能摆脱光照的影响。于是，他把头埋进了被子，但很快他的头又从被子中露出来，然后起身找了一张厚纸，将那条缝隙遮挡起来。在这里，个体 X 对刺激 A 做出的反应——用一张厚纸遮住光照，使他进入了一个新的环境——没有灯光干扰睡眠的环境，在这一环境中他不再把 A 当作一个刺激。因此，从对前面两种情形的分析来看，它们不是完全相同的。个体摆脱了刺激，但这并不是说其他的一些刺激不再作用于他，而是他仅仅摆脱了其中的一个刺激。而心理学家所说的“顺应不良”，指的是两种有对立倾向的刺激，被有机体摆脱促成刺激的范围。而对于这个词语，我们想要用它表达的意思是，个体通过活动，使作用于他的刺激失去效用，或者摆脱这一刺激的范围。我们之所以要对“顺应”这一词语进行解释，主要在于有些事情，和我们的相关实验结果，即动物获取食物、水等，或者摆脱一个产生消极反应的刺激是相似的。

前面所谈的这些，主要论证我们的这样一个观点：个体拥有一个组织来适应“遭遇的情境”。既然如此，个体必须形成这样一种习惯——能够使刺激 A 平息，或者采取某种活动方式，使自己从这种刺激的有效范围内摆脱出来。一个成人已经学会了在光线刺激眼睛时，从床上爬起来，用一张厚纸钉在遮光物的缝隙上，而一个 3 岁的孩子则只能哭着让他的母亲将灯关掉；一个成人在感觉到饿了的时候，就会进入餐厅吃东西，而不会像一个 1 岁的孩子那样只会哭。也就是说，当个体想要进入一个更加舒服的环境，就必须形成一些习惯。

因此，我们可以这样说，内外环境的刺激，使个体开始活动，在个体去除刺激 A 或者离开那个被刺激 A 所影响的范围之前，个体可以有不同的活动方式。而当个体重新回到原来的环境中，个体能在其中快速而更多地做自己想做的事，以达成自己的目的。对此，我们可以说这个个体已经学会或者已经“形成”了一种习惯。

2. 习惯——从拿奶瓶到建造摩天大楼

我们人类的基本习惯是如何形成的呢？想要了解这个问题，还要从幼儿入手，也就是说，我们现在还要对幼儿进行再一次的观察。

以一个哺乳期的婴儿为例，在他 3 个月大的时候，我们开始让他看到奶瓶这个东西，我们让奶瓶离他很近，并且几乎一伸手就够得着，这时，我们看到他开始蠕动自己的小身体，四肢都变得更加活跃，眼睛紧紧盯着奶瓶，嘴巴也在动，在努力地发出叫喊。但是，他并没有将手臂伸向奶瓶。而我们每次在实验结束后，都会马上把奶瓶递给他。第二天，我们依旧重复前一天的过程，这时我们发现，这个孩子身体的运动比前一天更为明显。在这一过程中，孩子手臂运动的幅度比较大，躯体、腿和脚的活动范围则较小。而且相较于身体其他部分，手和手臂最先够到奶瓶的机会更大。这足以说明，为什么人类习惯用手操纵物体，而不是躯干、腿和脚。如果婴儿失去了手臂，或者先天缺失手臂，那么，这种习惯就会通过脚来形成。

为了更好地验证我们的观点，在实验中，我们不仅用了奶瓶，还用了一些食物，如放一块婴儿可以够得到的糖。这时他会伸出小手，将糖抓住并送入自己的嘴里。这个实验一共坚持了 30 天，我们每天要做的就是给婴儿进行 10~12 次这样的重复实验。30 天后，这个婴儿就已经能够很好地完成这一习惯——接近一个小物体、获取它并将它送入嘴里。不过，有一个问题需要注意，就是婴儿对奶瓶和糖果的反应，是一种有条件的视觉反应，其前提是，这个婴儿必须一直由奶瓶喂养。不过，这个实验也只在已经经过多次训练的婴儿身上才奏效，如果我们想要他拿起与食物不相关的物体，就必须使实验的时间更长一些，直到他对这一刺激有了反应。但一个不争的事实是，奶瓶这一刺激引发了婴儿更多也更为复杂的活动反应——他从身体蠕动发展出到后来更多的积极活动，尤其是手、手臂的活动。也就是说，在这一过程中，其反应是在不断变化、重组的。

当婴儿的手和手臂的活动变得越来越完美时，与手无关的活动，诸如躯干、脚、腿的活动就消失了。也就是说，当手和手臂的活动能够完美整合，自如取物时，其他不相干的活动在这一过程中就不再出现。伸手抓取东西，是每个婴儿最基本的动作习惯，当这一活动习惯形成后，很快就会变得复杂起来——他不仅能够抓取物体，还能将其扔掉；不仅能抓取面前的物体，还能抓取他身体两侧的物体；他学会了翻转和推动物体。这些复杂的习惯，与其拿东西这一操作习惯是分不开的。所以，我想说的是，那些认为操作习惯是一种本能的人，应该通过这一实验重新对自己的认识进行思考——那真的不是人类的本能。

婴儿在学会了操纵物体之后，也学会了操纵自己的身体。其实，操纵的习惯不仅有手臂、手的活动，还有其他部位的活动。我们应该进一步了解身体任何部位的活动，看看是否能引起身体中任何一块肌肉的顺应，包括内脏部分。而这就是我们所谈到的整体反应，即身体各部位的“完美整合”。不仅是手、手臂、肩膀、脚、腿等的肢体活动，而且包括呼吸和血液循环等活动，都依据某种秩序在进行。每一个动作发生的时间都有着精确的安排，而且在皮肤的每一个细微动作完成之前，各组的肌肉能量总和都必须分配妥当。

拿取物体和操纵物体是人拥有的基本习惯，对于婴儿来讲，他拥有了这一习惯，也就意味着他开始把握世界。而人类从最初的泥土制造工具，到如今使用钢材制造工具；从最初学会用砍下来的树木搭建独木桥，到如今使用钢筋混凝土建造横跨海洋的大桥，等等，这些进步无疑都表明了人类动作习惯的发展。

3. 是否人人都可养成好习惯？

为了让整个过程能够更清晰、更具体，我们还拿在前面提到的那个孩子为例，他已经形成了比较好的操纵习惯，但是现在我们想给他出一个难题：把一个问题箱放在他面前，并告诉他里面有很多糖果，如果他能打开这个箱子，那么里面的糖果就归他了。

这对他来说是从未曾尝试过的事情，将这个问题箱打开，是需要拥有某种技能以后才可以办到的。比如他必须学会操纵一个内在的小型木制机关，也就是说，想要打开这个箱子，凭借他以往的习惯是行不通的，而天生的习得反应和非习得反应也帮不上忙。那么，他会怎么解决这个问题呢？必须依靠他先前的组织。假如在面对这一问题时，他用以往控制玩具的组织来对待，那他马上就会这样解决眼前的问题：（1）把箱子捡起来；（2）用箱子猛烈地砸地面；（3）一圈一圈地拖着箱子转；（4）把箱子推向踏脚板；（5）用拳头敲打箱子。从上述活动中我们可以发现，他解决这一问题完全是用了解决简单问题的各种习得的行为。在这一过程中，他将自己全部的活动技能都用上了，也就是将自己之前获得的技能，都用到了新的问题的处理上。

我们再用数字做一个更为清晰的说明，假如他所拥有的习得和非习得的独立反应有 50 个，而他在试图打开箱子的过程中，差不多用尽了这些反应，耗费的时间为20分钟。当他在自己的努力下打开箱子后，我们给了他一些糖果，然后把箱子关上又递给了他，他又开始进行开箱子的尝试。这一次，他用了比较少的活动就把那个箱子打开了。然后是第三次，这次用的活动更少。这个实验做了10次左右，之后，他在打开那个箱子时，便已将没用的活动全部抛掉，因此，只用了2分钟时间就将箱子打开了。

从这个孩子第一次打开箱子到最后一次打开箱子的活动次数和时间中，我们看到了其中的很大变化。那么，在这一过程中，为什么时间会缩短了呢？而那些在解决问题中不需要的活动，为什么会在整个过程中越来越少，直至消失了呢？关于这个问题，说起来并不好解决，但我们没有简化它，以便真正通过实验的手段解决这个问题。关于其他活动为什么消失，而最终有一种活动坚持下来这一问题，我试图用“频率”和“最近基础”的东西来解释，我可以清楚地告诉大家我想要表达的东西是什么。对于这个孩子，我们给他的每一个独立活动指派一个数字，也就是说，把最后一个活动即按下木制开关指定为50。

这个孩子在第一次试图打开箱子的过程中，所有的50项活动按随机次序显示，不过在这里需要说明的是，每一个活动并不是只出现了一次。

第一次尝试次序：

47，21，3，7，14，16，19，36，28，2，……，50

第二次尝试次序：

18，6，9，16，47，19，23，27，……，50

第三次尝试次序：

17，11，29，66，71，18，……，50

第九次尝试次序：

14，19，……，50

第十次尝试，获得成功：50

从这组实验数字中我们可以看到，50 这个数字在整个次序中出现得越来越早，而且在一次又一次的尝试后，其他活动出现的次数越来越少。到底是什么导致这样的结果呢？我们认为，在整个过程中，50 这个反应在每一次的尝试中都出现了，而且它是唯一自始至终没有被放弃的活动。也就是说，一个人用标记数字为 50 的这个活动，来处理实验中次序安排的环境，它就是在整个次序中得出最终结果的方法，即用这一方法，那个孩子得到了糖果。因而，在打开箱子的过程中，50 这个活动相较于其他 49 个活动出现得最频繁。

因为在先前的尝试中，50 这个活动总是成为最后的反应，所以我们相信这个活动在下一次成功的尝试中，会在活动的次序中出现，我们将其称为“最近的因素”。不过，运用“最近的因素”来解释习惯形成这一问题，已经遭到了一些学者的批评，如乔治·皮博迪学院的约瑟夫·彼得森教授和贝尔特朗·罗素教授，在他们看来，是心地善良使得我们形成了习惯。爱德华·李·桑代克认为，在形成习惯的过程中，因为成功的活动刻上了愉快的印记，失败的活动刻下了不愉快的印记，所以成功的活动便被最终保存下来，其他的活动则被丢弃。

非常遗憾，在这个重要的领域，我至今还没有看到谁做过一次非常重要的实验性测试。可以说，只有少数心理学家对它感兴趣，绝大多数心理学家甚至都看不出它是个问题。

在我对这一问题做出解释时，我不敢肯定它是否能得以解决。关于如何看待习惯形成的整个过程，我认为应该有一个更简单的方法，否则，我们很难解决这个问题的。自从条件反射的假设被引入心理学，并使得很多问题简单化后，我开始思考从另一个角度研究这个问题。

4. 习惯与条件反射的关系

从理论上说，简单的条件反射情况与更为复杂、完整并受时空限制的习惯反应之间存在着非常简单的关系。从表面来看，它们之间是部分与整体的关系，即在已经形成的整个习惯中，条件反射是它的一个单位。也就是说，如果把一个已经形成的习惯分解，其中每一个单位都是一个条件反射。我们来回顾一下前面研究过的条件反射类型。

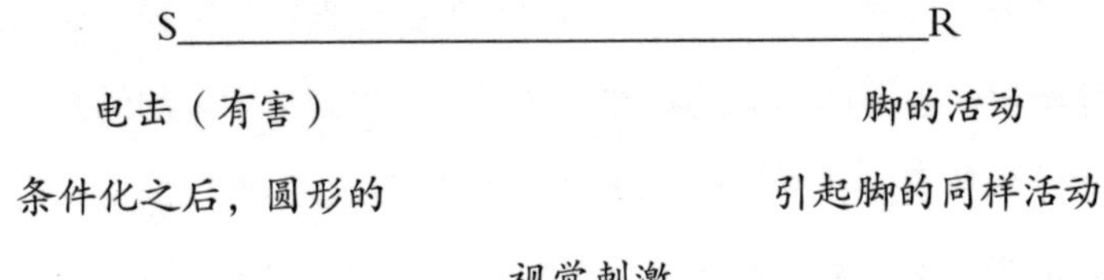

这是一个简单的条件反应，我们现在来做这样一个假设，那就是每一个复杂的习惯都是由这样的单位构成的。假设，我向被实验者呈现了一个圆形的视觉刺激，目的是让他养成往右拐一步的习惯，而不是缩脚的习惯。被试者拐向右边后，呈现在他面前的是一个方形视觉刺激；这一次刺激，使他向前走了5步，看到前面的三角形；在这一反应中，他向右走2步，然后一个立方体呈现在他面前；对于这一刺激，他被条件反射为向前跨3步，不是向左，也不是向右。从这个例子中我们可以看出，通过这样的引导，被测试者可以在房间里兜一圈，然后回到原点。也就是说，我们为了让被试者做出相应的举动，可以安排每一个视觉刺激，让他在我们的引导下，以某种形式移动，即向前或向后，向左或向右，向上或向下，以及让他举起右手，伸出左手等。那么，我想说的是，假如我每次都对他进行实验，让他从头至尾完成整个系列活动的话，不就是与人和老鼠在迷宫中所经历的一样吗？迷宫中的每一条小道和转弯，不也都是我们整个学习过程中的单位吗？而对于那些特殊性活动如打字、弹钢琴等，在这样的系列单位中，难道就不能分解和分析吗？事实上，我们的日常生活中也会出现这种情况。当我们构建整个习惯的各种条件反射时，如果有机体做出正确反应，我们通常会用食物诱惑他，或者用哄骗他的方法使之产生条件反射；如果他的反应出现差错，我们很可能会对其进行惩罚，抑或是随他去，直至他产生疲于奔命的感觉——也就是说，对其进行变相惩罚。

我们接下来要探讨的是，为什么这些单位受到时空的限制，而且必须这样来安排序列？其实，这个世界原本是没有这样的次序和序列的，那么为什么会变成这样呢？是社会或环境的意外事件使得它变成了这样。在我们的社会，人们已经建立起复杂的反应模式，并且对其坚定地遵守。大家知道，我们的语言就是由一系列字母按照明确规定的序列和次序组成的。人们在打高尔夫球时，就要遵守它的游戏规则，也就是按照它的次序和序列进行。同样，台球也有它的游戏规则，按照它的次序和序列进行，将球击入球袋。那么，我说的环境意外事件是怎么回事呢？用一个例子来说，假如你从家里走到海滨游泳场，你行走的路线必须是这样的：（1）走到小山的右边；（2）穿过一条小溪；（3）穿过一片小松树林；（4）沿着一条干枯河道的左岸走；（5）走到一个牛场；（6）走到一片柳树林后面；（7）到达目的地。在上面的描述中，每一个数字代表一个在学习期间能引起反应的视觉刺激。对所有这些，你可能都会说“是”，但那又如何？相比于对那些被称为“习惯”的现象进行解释，对一个条件反射进行解释是否更加简单呢？其实，即便我们对一个条件反射不进行解释，我们还是可以经过分析，将一个我们没有办法解决又无法进行实验的复杂过程，总结为简单的术语。

5. 影响动作习惯形成的因素有哪些？

迄今为止，关于影响动作习惯形成的因素到底是什么，还没有令人满意的答案。从实验的结果来看，很多东西还存在冲突，理论方面也有需要重新考虑的地方。对于这一个很让人感兴趣的问题，我们也在试图找到解决它的方法——从中找出一些东西，用我们正在进行的研究来举例，并对此加以解释。

第一，年龄对习惯形成的影响。年龄对习惯的形成到底有着怎样的影响，对于人们来说，的确不好回答，因为我们对它的了解非常少。在对老鼠的实验中，我们了解到，在学习迷宫的方法上，年龄大的老鼠和年龄小的老鼠是有所不同的。它们在每次成功尝试上花费的时间，以及所实施的步骤都是不同的。从实验中我们发现，对于学习走迷宫这件事情，老鼠不会因为年纪大而不去学习。两个年龄段的老鼠所尝试的次数没有太大差异。年龄大的老鼠很少奔跑，探索得也慢，因此，最终跑完整个迷宫的时间，要远远长于年龄小的老鼠。

对于人类在这方面的表现我们还不是很清楚，不知道人类是否和老鼠一样。人类停止学习的速度太快，只有不时地遭受到干扰，才不得不去学习一些新的东西，而我们又没有办法控制一个人去学习。但动物不同，我们完全可以控制它的食物、水以及环境中的其他一些因素。对于人来说，只有在地震、山洪等一些自然灾难面前，才会回到学习某些新东西的状态。我们之所以很少用人来做这样的实验，也正是因为这个缘故。

心理学家认为，刺激不可能永远持续，而在不同的实验室里，刺激也是不尽相同的。应该说，现在我们对人类学习行为的研究，还没有投入更多精力，以后这种状况应该会有所改变，会有大量的实验室提供给实验小组，以便他们进行研究。想要了解人类是否想放弃学习，这需要在他们的食物、水、性和住宅完全处于控制的状态下来加以观察。事实上，如果受形势所迫，人就算到了60岁、70岁，甚至80岁的时候也是能学习的。詹姆斯说，进入30岁以后，大多数人就不再学习。这个观点是对的，但是有一点一定是例外的，那就是人在30岁以后，对于性的秘密仍然十分感兴趣，仍在探索。而想要获取这种心理，就必须通过食物和水，或者一种别的特有的方式达到目的。

第二，练习的分配。学习中的各种分配这一问题，也是非常值得我们研究的。对于老鼠进行的学习实验，也就是迷宫尝试，我们是否每天能进行5次、3次或1次？在对不同动物组按照不同的方法训练时，我们发现如果给它们设定一个限度，那么在这个特定限度内，它们练习的次数越少，练习单元的效率就越高。比如每组老鼠只有50次的尝试机会，那么，不同的50次练习之间间隔的时间越长，则结果越好。对于这一观点，其他学者也通过一些实验证明了这一特性。如拉什利博士，他在研究人类学习发射英国长弓时，得到的结果与我们的实验结果是相同的。在其他很多方面的动作研究中，这一普遍规律也得到了证实。

另外，通过其他人的一些相关实验，我们发现这样一个事实：在学习中，即使可供我们支配的时间非常少，但如果能在这期间集中练习，我们所取得的结果也是十分惊人的。

这源于获得机能的练习。我们先来明确一下什么是"机能"。"机能"就是指某一特定动作经过一段充足的时间练习之后，其学习曲线变成水平状了，也就是说，在没有新的刺激引入或介入下，就不会再有提高，我们将这样的习得习惯称为"机能"。例如，一个人10年来一直在进行打字工作，或者在工厂里做各种计件工作，那么，他到底在哪一个时间段的工作中取得的效率最高呢？是上午、下午，周三、周五，春天、秋天，还是退休前？我们对这些问题全都进行了研究，但得到的结果是不一致的。

而对于白天工作效率高这一问题的研究，到现在也没有得出结论。尽管也有很多学者做了大量实验，不过始终没有令人满意的结果。

6. 在习惯形成的最后阶段发生了什么？

在视觉、听觉、触觉和其他一些刺激的作用下，人们培养了一种习惯。然而，当我们在不断练习这种习惯时，那些刺激对我们的影响已经变得越来越不重要了，也就是说它们对我们的影响在逐渐减小。当习惯根深蒂固时，我们可以对自己的视觉、听觉、触觉等刺激进行这样一些改变，例如蒙上双眼、堵住两耳、在皮肤上覆盖布料，这时，这些刺激对我们的影响已经远不如从前。此时，条件反射的第二阶段出现了。最初，在学习的过程中，只要对我们进行视觉刺激，我们就会对其做出肌肉反应。而其本身也会作为一个刺激，在非常短的时间里，引起下一个运动反应，这一运动反应再引起随后的运动反应。就这样，一个运动反应的出现引起下一个运动反应，接着又是一个运动反应引起下一个运动反应，如此继续下去，复杂的迷宫最终被跑完。我们看到，在这一过程中，各种复杂动作的完成，是在没有视觉、听觉、触觉等参与的情况下进行的。也就是说，在这里我们了解到，来自肌肉本身的肌肉刺激，就是我们需要保持的能产生适当序列的动作反应。我曾经说，肌肉不仅是反应器官，还是感觉器官。从实验中我们获知，我们所有的习惯对于到达我们称为“动觉”的第二阶段都有着强烈的倾向。

第三章

克服妒忌心理：怎样克服嫉妒心理

嫉妒是一种不健康的心理，也是一种消极的人生态度。它扎根于每个人的内心，阅历丰富的成人也不例外，只不过他们能在嫉妒产生时，借助一定的自我疏导，做出正确的判断，从而理智地控制自己的嫉妒之心。可也有一部分人由于情绪失控，甚至采取过激的行为寻求自己的心理平衡。人的嫉妒心理可以有，但一定要把它控制在笼子里。行为主义者认为，要想彻底解决嫉妒问题，就需要了解嫉妒产生的根源，于是，行为主义者把研究回归到了幼儿时期。由于幼儿时期的认识水平有限，他们普遍认为夸奖别人就等于批评自己，而且不能把超过别人和自己的不断努力联系起来。他们受到表扬就会沾沾自喜，遭到不公正的待遇就会愤懑异常，随着幼儿年龄的增长，这种早期的影响如影随形，成为嫉妒的滋生地。当然，既然行为可以产生嫉妒，同理，依靠行为也可以克服嫉妒。

1.妒忌是什么?

除了习得的和非习得的各种形式的情绪行为以外，还有两类情绪引起了行为心理学家的极大兴趣——妒忌和害羞。到今天为止，对于这两类情绪，行为心理学家还几乎没有或者极少进行研究。在我看来，妒忌和害羞是个体本身所具有的情绪行为。也就是说，它们是内在的情绪行为。

行为心理学家认为，人类的其他情绪行为，如愤怒、悲伤、忧愁、恐惧、仁慈等，是比较简单的。在他们看来，上述情绪行为都是以各类简单的非习惯行为为基础的上层结构。但是，我们认为，妒忌和害羞与那些情绪行为不同，应该对其进行进一步的研究。众所周知，我们所得到的任何一个结果，都需要有确凿的事实为依据，但我不得不承认——这也是我觉得非常遗憾的——直到现在为止，对于害羞的第一次出现，以及它的发生性成长，我还没有机会观察到。其实，我比较认可这样的观点，也就是从某种程度来讲，它与第一次明显的自慰有联系，而且，在这次自慰中有了高潮的体验。自慰的刺激使得个体血压升高、皮肤表面毛细血管扩张，也就是人们说的脸红，当然还有许多其他反应。我们都知道，个体在童年时期就被教育不要自慰，否则就会受到惩罚。这样一来，对于有关性器官的任何情形，包括语言或是触摸，都可能使人脸红或低下头的动作被条件化。当然对于这个问题，我还没有更多可以拿来和大家探讨的，因为这一说法只是我自己的一种思考和推理，并没有真正的事实依据。

我想在这里说点与妒忌有关的问题。对于妒忌，我做了一些观察和实验。

妒忌到底是什么？它是由怎样的刺激产生的？它的反应形式是什么？关于这些问题，我问了任何一组个体，他们都没能给出令人满意的答案。对于“引起这种反应的非习得（无条件的）刺激是什么？”“这种非习得（无条件的）反应是什么？”这两个问题，我们所得到的都是不科学的回答。很大一部分人说，妒忌纯粹是本能。

虽然我们不清楚妒忌来自哪里，但不能忽视的是，它至今确实是个体结构中有力的因素之一。

人们的很多行为都与妒忌有关联：婚姻中的矛盾冲突乃至关系破裂源于妒忌；抢夺他人财物和谋害他人性命，也往往出于妒忌心理。可以说，个体的整个行动几乎都有妒忌的因素，因此人们认为它是一种天生的本能，也是正常的事。但是，当我们想了解这种东西，然后去观察人们的行为，并假设妒忌产生于某种情况及其行为的详细情况时，就会发现情况远非我们想象的那么简单，而是十分复杂，并且这些反应都是高度组织的（习得的）。基于此，我们对它的遗传根源持怀疑态度还是有必要的。

2. 妒忌的反应及其引起的情境

妒忌行为要有针对的人，也就是妒忌必然是涉及他人的行为，所以说，妒忌的情境自始至终都是社会性的。那么，妒忌都涉及哪些人呢？我们认为，是那些能引起我们产生爱的条件的人，也许是父母、兄弟或姐妹，也许是丈夫、妻子或情人等。妒忌的对象不分男女，可能是同性，也可能是异性。在引起强烈的反应方面，“妻子—丈夫”的情境仅次于情人。

这一考察结果，对我们理解妒忌在某种程度上有一定的帮助。这种情境始终是可以形成条件反射的，它涉及引起爱的条件反射的人。假如我们的概括没有错，那么我认为，对于妒忌的研究，我们应从遗传的行为模式中跳出来。

我曾经对儿童和成人的大量案例做了笔记，发现成人的反应有很多种。首先，我们拿成人的反应为例，来探讨这一问题。

案例A：A娶了一名比他年轻的姑娘，而且长得很漂亮，他们结婚已经两年了。A是一名“具有强烈妒忌心理的丈夫”，他们两个人经常参加一些聚会。

（1）如果妻子跳舞时与舞伴挨得比较近。

（2）如果妻子没有跳舞，但在和一个男人低声地聊着什么。

（3）如果妻子突然一时冲动，在众人面前吻了另一名男子。

（4）如果妻子和其他女人外出购物和用餐。

（5）如果妻子邀请朋友来家里聚会。

当上述刺激出现时，A产生了妒忌行为，并引发以下反应。

（1）拒绝和自己的妻子谈话或跳舞。

（2）牙关紧闭，眼睛眯起，颌骨“发硬”，全身肌肉处于紧张状态。

随后，他与人不告而别，离开聚会场所。当时，他的脸色由通红转向紫黑，十分难看。一般情况下，这种行为发生后，往往会持续好几天。

对于自己的心事，A 不会向任何人诉说，就算有人从中进行调节，他也不会说。当然妒忌状态似乎自己会逐渐消失。在这期间，无论妻子怎样向他表明自己的爱意，怎样为自己的行为辩解都无济于事，而任何的道歉和对他所表的忠心，也不能使情况得以好转。而事实是，他的妻子对他一心一意，绝没有一点对他人想入非非的念头，对于这一点，他在不妒忌的状态下也是承认的。如果在一名没有受过教育、缺乏教养的人身上，这些反应可能会变得更加外显，也就是他可能会对妻子使用暴力，或者真有入侵的男性，他会对其进行猛烈攻击，甚至杀死他。

接下来，我们再以儿童的妒忌行为为例，对这个问题进行探讨。

案例 B：我们是在儿童 B 大约 2 岁时，记录到他的首次妒忌迹象的。每当这个孩子的母亲与他的父亲行为亲昵时，如拥抱、接吻等，他就会表现出妒忌行为。直到他 2 岁半的时候，父母的亲密行为都没有对其回避过。这时，母亲拥抱父亲时，他就开始攻击父亲，反应如下：（1）拉扯父亲的衣服；（2）大声喊“那是我的妈妈”；（3）站到父母中间，将他们隔开。假如孩子的反应行为没有奏效，父亲依然亲吻母亲，孩子的情绪反应就会表现得更鲜明。每天早上，特别是星期天早上，孩子起床后来到父母的卧室，父亲会把孩子抱到他们的床上，这时父亲会受到欢迎和奉承。不过，虽然孩子只有 2 岁半，但他会问父亲：“你今天上班吗？”或者直接对父亲说：“爸爸，你快去上班吧。”

这个孩子在 3 岁时，与他的还是婴儿的弟弟一同被送到了外婆家，在那里由一名保姆照看。和母亲分开了一个月的时间，他之前对母亲的那种强烈的依恋逐渐减弱。所以，当父母去看他们时，尽管还像以前那样，在他面前做一些亲昵的行为，他也没有再表现出妒忌的行为，那时这个孩子 37 个月大。为了观察孩子的妒忌行为最终是否会再产生，父亲故意在他面前长时间地拥抱妻子，可他的反应仅仅是跑过来先抱了一会儿其中一个人，然后又过去抱了一会儿另一个人。这个实验一共重复做了 4 天，最终的结果都是一样的。

当父亲看到运用原来的刺激方式，已经无法再唤起孩子的妒忌行为，他就转换了一种情境——攻击孩子的母亲，拉扯她、打她，母亲则假装哭泣，并进行回击。当孩子看到这种情形时，只忍耐了几分钟就奋力扑向他的父亲，对其进行猛烈攻击，不停地踢打父亲，又哭又喊，直到吵架结束。

接下来是母亲攻击父亲，父亲表现出一副挨打的状态，母亲对其腰部进行猛烈击打，父亲疼得弯下自己的腰。父亲的样子丝毫没有装出来的迹象，但是，孩子仍然跑过来攻击父亲，不停地对他击打，甚至在父亲已经毫无招架之力时，依然不罢手。不过，这时候孩子已经真正受到困扰，实验没有办法再继续下去。但是到了第二天，尽管父母亲在孩子面前拥抱、亲昵，孩子都没有再表现出妒忌行为。

3. 孩子何时会出现对父亲或母亲的妒忌?

妒忌到底从何而来，其根源在哪里？为了弄清这一事实，我们进行了测试，测试的对象是一名 11 个月大的男孩。这是一个完全没有条件性恐惧且营养良好的孩子。但是，他非常依恋他的母亲，却对自己的父亲毫无依恋。因为这个孩子喜欢吮吸自己的手指，而父亲看到这种情形就会打他的手，以阻止他的吮吸，并用各种办法干扰他，打破他的宁静。这个孩子在 11 个月大的时候，已经能够迅速地爬行很长一段距离。

对于父母的相互拥抱，这个孩子毫不理会。可以说，在孩子的幼年生活中，从没把这当作一回事。这种情境经过反复实验，孩子都没有表现出一点向他们爬过去的意思，更别说去挡在他们中间了。

当然，我们的实验并没有到此为止，而是安排孩子的父母相互进行攻击，以观察孩子的行为反应。当时，房间的地板上铺着地毯，因此打斗的声音并不大，母亲（或父亲）的呜咽声也比较低。但是，父母打架的声音还是引起了孩子的注意，孩子马上停止了爬行动作，凝视了母亲很久。大家注意，在这里，孩子只是凝视母亲，而没有注视父亲。他在注视了一会儿后，并没有要参与其中的意思，也就是说，他没有帮其中任何一人打架的打算，只是发出了呜咽之声。在这里，父母打架弄出的声响，二人拉扯导致的地板抖动，以及孩子看到父母的脸，这些视觉刺激，与孩子被打时的视觉刺激几乎无二，所以当他看到这些时会啼哭。也就是说，是这一系列的刺激，让我们观察到了置身于这种情境下的孩子的行为，这种行为属于恐惧类型，其中有一部分形成了视觉性条件反射。显然，在这个实验中，这个孩子的父母不管是相互拥抱，还是大打出手，我们都没有从孩子身上看到妒忌行为。所以，我们认为，作为一个 11 个月大的孩子，他因为太幼小而尚未出现妒忌行为。

4. 哥哥会妒忌弟弟吗？

关于妒忌行为到底在何时出现，研究者们有不同说法。很多弗洛伊德主义者认为，一个儿童出现妒忌行为，是在他有了一个弟弟或妹妹后。

他们指出，虽然孩子的年龄很小，不到 1 岁或刚过 1 岁，但实际上，其妒忌行为已经充分发展起来了。那么，他们的结论的正确性是否得到过验证呢？据我所知，迄今为止，还没有一位弗洛伊德主义者对自己的理论做过实际的实验测试。

为了弄清妒忌的根源在哪里，我们做了很多观察，而且，我本人还曾经有机会去观察一名儿童接受他新生弟弟的情形。在这之前，我曾向大家介绍过一个被实验者 B，也就是那个 2 岁半的孩子，大家应该还记得，他已经有了明显的妒忌行为，而且他的妒忌行为指向他的父亲。2 岁半的时候，B 对自己的母亲已经有了强烈的依恋，后来又对他的保姆产生了强烈的依恋。但是，在不到 1 岁的时候，他对任何孩子都没有形成有组织的反应。那时，他的母亲因为生产在医院住了两个星期，这期间，负责照顾 B 的是他的保姆。在他的母亲回家那天，保姆让 B 在自己的房间玩耍，直到我们将测试的一切条件都布置妥当。

我们为 B 安排了一间照明很好的起居室，进行实验的时间是中午。当时，母亲正在给刚出生的婴儿喂食，她敞着胸前的衣服。在场的人，有 B 的父亲、母亲、新生儿，还有他的祖母以及一位训练有素的保姆（B 没有见过这个保姆）。B 已经两个星期没有见到自己的母亲了，在大人的允许下，他从台阶上走下来进入房间。我们早已告诉在场的每一个人，要保持安静，而且尽量让当时的情境保持自然。B 走进房间后，来到母亲身边，依偎着母亲的膝盖，然后说："妈妈，你好。"除此之外，他并没有再进一步的行为。也就是说，他并没试图去拥抱或亲吻母亲，对于母亲敞开的胸前的衣襟和她怀里的婴儿，也并没有去注意。差不多 30 秒之后，他看到新生儿，然后说："呀，小孩儿！"接着，他开始摸婴儿的脸蛋，拍婴儿的小手，然后对着婴儿说："那小孩儿，那小孩儿。"不仅如此，他还把自己的小嘴凑过去亲吻婴儿，可以说，他丝毫没有妒忌的意思。在这一过程中，他一直表现得温柔、亲切。这时，那个保姆将婴儿抱了起来，见状，B 立即做出了反应，对他母亲说："妈妈，抱好孩子。"大家请注意，此时 B 对婴儿做出了反应，这一反应就像 B 依恋母亲情境中的一部分。这是他的第一次妒忌反应，他的反应所指向的正是将母亲怀里的婴儿夺走的那个人——保姆（B 阻碍了他母亲的行动），而这是一种典型的非弗洛伊德主义者的反应。但我们可以看得出来，这种反应对婴儿显然不是不利的，尽管是婴儿使得自己不能被母亲抱着。

保姆将婴儿抱进了婴儿自己的房间，并将婴儿放在小床上，B 也跟着走了进去。等到他出来后，父亲问他："你觉得吉米怎么样？"他说："我很喜欢他，他在睡觉。"在这里还需要指出的是，在整个过程中，B 一直没有注意母亲敞开的胸，事实上，他除了在保姆抱起婴儿的那一刻想到了母亲，其他任何时候，他对母亲的关注都是非常少的。而他对于婴儿的积极反应也没有持续很久，只是几分钟而已，然后就去关注其他事情了。

第二天，B 的父母告诉 B，让他把房间腾出来给弟弟住，听到这件事情后，B 有了积极反应。他的房间里有很多书和玩具，为了尽快将房间腾出来，他帮助大人收拾自己的东西，将那些书和玩具都挪到另一个房间。当天晚上，他就睡在了自己的新房间里，并在这之后由保姆陪他睡觉。从我们对他的观察结果看，自始至终，B 对婴儿行为的指向中，都没有表现出哪怕是一点不高兴或妒忌的迹象。从那时到现在，我们对这两个孩子已经持续观察了一年时间，可以说，他们没有表现出一丝妒忌迹象。现在，B 已经 3 岁了，弟弟也 1 岁了，B 对待弟弟的态度和他第一次见到弟弟一样，还是那么充满爱心和关切。而对于父母和家中保姆抱起弟弟爱抚时，他也没有一点妒忌的意思。然而我们的观察始终都在进行，也在想办法激发他的妒忌行为。一次，保姆就差一点成功激起他的妒忌心了，保姆说："吉米是乖孩子，而你就不如他，你很调皮，所以我喜欢吉米更多一些。"接下来的几天中，B 显示出了妒忌的苗头。不过，由于保姆没几天就被辞退了，B 刚刚露出的妒忌心也随之消失了。

我们发现，对于孩子在日常生活中对父母的依恋，不存在足以干扰的条件。但当弟弟不在旁边时，他也会像 1 岁的弟弟那样依偎在母亲身边；而当父母惩罚弟弟时，比如打弟弟的小手，致使弟弟哭叫，3 岁的 B 就会对父母发起攻击，而且一边打他们，一边说："不要打吉米，他是个好孩子，不能让他哭。"

第四章

人格心理学：揭示最真实的人格魅力

说到“人格”，可能100个人给出的定义都不相同，不管处世方式如何，每个人所给出的回答都与他人有差别。“人格”这个词，往往和主观产生联系，它是在遗传、环境、教育等因素的交互作用下形成的。不同的遗传、生存及教育环境，形成了每个人独一无二的心理特点，这是对于“人格”的最普遍解释。但行为主义者对于“人格”的定义却与众不同，因为行为主义者首先不相信遗传和天赋，他们不赞同人格可以继承的观点，他们相信人格只能靠着塑造得来。所以，行为主义者把人格等同于行为，认为人格是个人行为的综合，而且可以通过测试行为来研究和塑造。而且，行为主义者有着“环境决定论”的思想，认为环境对人格的影响是巨大的，甚至具有决定性。那么，行为主义者会怎样定义人格呢？虽然行为主义者喜欢抛弃没有明确定义的词汇，但对这个词语他们还是想把它留下来，因为它在普遍心理学体系中还是非常适合的。本章，我们将了解行为主义者眼中的“人格”。

1. 行为心理学家对人格的解释

关于人的行为这一问题，我们通过很多实验，对个体的行为在各种情境下会做什么进行了分析。我的假设是，对于整部机器，想要了解它对什么有用，必须先看看它的轮子。所以，接下来的时间，我们需要做的事情，就是试着把人当作一部准备运作的组装机器。这应该并不难，只要我们把它的各个部件——轮子、轮胎、轴、差速器、发动机和机身组装在一起，就能造出一部机动车。我们根据它的构造，看它适合哪种工作，便将其用到哪种工作中。如果它是福特，就适合运送货物，它能在很差的气候条件下，行驶于崎岖的路面，这样的车我们就让它跑集市；如果是劳斯莱斯，那它适合的工作就是载着我们去见一些社会层次更高的人，让那些比我们穷的人，知道我们比他更富有等。

那么，现在我们就把这种情况运用到人的身上，假如有这么一个人，他叫约翰·杜，由下面这些部件组成——头、手臂、手、躯体、腿、脚和神经、肌肉及腺体系统。约翰·杜没读过书，年纪又大，所以能从事的工作很有限。他身体强壮得跟一头骡子一样，可以整天进行体力劳动。他不会说谎，非常忠厚；不会笑，也不会玩耍，很迟钝。对于他而言，只有像街道清洁和挖渠，或者伐木这样的工作，他才能胜任。我们再说另一个人，他叫威廉·威尔金斯，他和约翰·杜有着一样的身体部件，但他与约翰·杜不同的是，他有很好的容貌，受过教育，旅行过。对于他来说，适合的工作可以是外交家、政治家或地产商。但是这个人从小就善于说谎，在一些负有责任的地方，从未被他人信任过。他非常自私，对职位高低很计较。而且，他总在下午离开工作岗位去玩桥牌或打高尔夫。

我们现在把他们看作两部机器，那么，我们在了解了他们各自的一些情况后，发现了很多不同的地方。虽然二者的身体部件一样——都有头、手臂、躯干、脚、神经、肌肉及腺体系统，但两部机器最后的差异是从何而来的呢？人格起了重要作用。

那么，如何来研究个体的人格呢？行为心理学家认为，要知道一个个体适合做什么，不适合做什么，我们只能去观察他在日常复杂活动中的行为表现。而且，对于这些东西的观察，需要有一定的时间，它不是可以通过一瞬间就能观察得到的。观察个体在经受压力和诱惑时，在物质条件富足和不足的条件下的行为——换句话说，为了对某个个体的人格进行详细描述，我们需要让他在商店里经受所有可能的测验，以了解他是什么类型的人——何种类型的机器。

而我们又为什么要去检验个体在我们生活的这个世界的发展历程呢？我记得对于这个问题的回答有很多种，包括：约翰·杜有什么样的工作习惯？他会是一个什么类型的丈夫？在工作中，他对同事或同伴有着怎样的言行举止？他是否是一个真正讲道义的人？他曾被很好地抚养过吗？还是在成长的过程中养成了不讲礼貌的习气？他是否值得信赖，在朋友面临危难的时候会不会出手相助？他生活得快乐吗？他工作努力吗？他有没有艰苦的作风？

关于一个个体的道德怎样，行为心理学家并不感兴趣，除了作为一名科学家，事实上，一个个体是什么类型的人，行为心理学家也并不关心。但不论社会要不要求他分析，他都必须研究个体。而作为行为心理学家，我们想要回答的问题，不仅是我们被抚养的问题，还有其他所有可以询问约翰·杜的问题。

证明一个人适合做什么，对他将来的能力做一个预言，以便在社会需要这样的资料的时候，可以为社会提供出来，这是我们行为心理学家科学工作的一部分。

2. 如何研究人格？

个体人格变化最快的时候，是在年轻时习惯模式形成、成熟和变化时。女性在15 ~ 18岁这段时间，会渐渐从孩子变成妇女。一个女孩在15岁时，她和同龄的男孩与女孩就是玩伴。但是她到了18岁，就变成了男性的交往对象。人格变化会有一个减慢的过程，当个体进入30岁后，人格变化就开始变得非常慢，这是从我们研究习惯的资料中获得的证据。从研究资料看，在这段时间，大部分人开始安于生活现状，行为组织体系的模式变得固定，只有在不断地受到一个新环境的刺激，才会继续发生变化。如果你对一个普通的30岁的个体进行充分描述的话，你会发现，他在往后的岁月中变化非常少。如果一个爱讲闲话，喜欢幸灾乐祸，说话声音又大，与邻居关系不睦的30岁妇女，不论她到了40岁，还是60岁，她差不多都是从前的样子。一般人对他人的人格不需要认真研究，就可以判断出自己或他人的人格。事实上，为了适应快速的生活，迅速做出对他人人格的判断，会使我们养成一种喜好肤浅估计的习惯，这种习性很容易给他人带来严重伤害。我们经常会因自己在短时间内对人格做出判断而自豪，为自己能一眼看出自己喜欢的或不喜欢的人，以及对我们自己的判断永远不改变而自豪。而事实上，我们通过此观察方式去观察的人，在他所做的事情中，往往会有一两件与我们自己特殊的倾向性和爱好不相同。这是常有的现象，由此我们说，那些关于人格的判断结论是不真实的。如果想要对人格做出正确判断，应该用一种客观的方法对个体进行观察。

通过研究我们确信，想要对人格做出结论，唯一的方法就是对个体进行长时期的密切观察。虽然通过短时期的观察和私人访谈，我们从中发现了一些问题，通过职业测试和智力测试，也发现了一些问题，但想要获得一般工作习惯、道德习惯、情感习惯的资料，就必须长时间地坚持对工作、生活在复杂情境中的个体进行观察。

当然，对于收集他人人格资料这样的事情，每个正常人都能做到。只是，受过相关训练的心理学观察家和走出了自己人格局限的人，他们的观察更为准确。

我们在对人格的研究过程中，所选取的例子都是涉及职业方面的，大家对此可能会提出质疑。不错，其实这些方法可以适用于很多方面，比如在选择朋友时，选择妻子或丈夫时，这些方法都是适用的。现代社会，人们的婚姻出现了很多问题，导致这一结果的原因虽然很多，其中就包括青年男女相遇、交往的快速性这一因素。在内脏（性的）刺激的支配下，青年男女对对方不能进行明智的观察，也是很有可能的。因此，在结婚之后，如果发生人格碰撞，有勇气面对的人，就做出了离婚的选择。当然，对于两种人格在婚姻中如何一起生活这一问题，到现在还没有一种有效的方法能够测出来，只能在两人结婚后被发现。

我在咨询工作中发现，婚姻中存在的最大问题出自性顺应的重大失败。两个人生活在那样狭小、紧闭的空间中，想要共同拥有幸福的生活，没有一个真实而坦率的性顺应是无法实现的。我曾经先后对 25 对年轻夫妇做过访谈，发现在这些夫妻中，真正做到性顺应的只有一对夫妻。几乎在每个案例中所出现的问题，都与他们的行为有关，也就是说都是行为困难，而与他们的身体没有关系，他们并没有身体上的问题。矛盾的主要原因是不良的教育和性组织的问题，经过指导，我们为他们带来了“顺应”。所以说，在婚前为年轻的夫妇提供适当的指导，会改变他们的婚姻状况。但是，想要给出指导也并非容易的事情。通常情况下，父母和家庭医生会给出不恰当的指导，而这些不恰当的指导所带来的危害是非常大的。

我跟大家说这些事情是有原因的：首先，我认为发现人格的所有方面，对维系良好的婚姻状况很有帮助；其次，假如年轻的一代没有面临这样的问题，那么我们现行的没有被社会测验过的婚姻制度，必将在今后的几年里遭受到严重的攻击，在比较大的城市里，这种状况会更加严重。

可是，当我们有了人格判断时，该怎么办呢？也就是说，我们需要它发挥怎样的作用呢？我们可以将其作为我们雇佣和解雇行业中的人员的依据，在对人员进行提升或降级时，以此为指导。不仅如此，它还是我们社交关系和朋友关系以及生产关系的基础。我们在选择同伴或离开他们时，也是依据我们对其人格的判断而为——对对方的人格判断可以说是我们做出选择的唯一的依据。

3. 探究人格的多种方法

假如我们都是认真的人格观察家，并本着遵循客观的方式对个体的人格进行判断，那么我们应该通过哪些渠道来获得正确的信息呢？我们有如下供大家探索的方法：（1）通过个体的教育图表去研究；（2）运用心理学的测试；（3）通过个体的业余时间和娱乐活动去研究；（4）通过个体在日常生活的实际情境中的情感特点去研究；（5）通过个体的成就表去研究。

想要对个体的行为和心理结构进行研究，就必须本着认真、务实的态度，因为这条路没有捷径。有很多这个领域的心理学骗子，他们相信有捷径，所以，用他们的方法肯定难以获得满意的结果。

说到研究人格的各种方法，我还是想让大家从下面几个方法入手。并不是说行为心理学家在研究人格方面有什么明确的科学体系，但是我们关于这方面的研究，确实是根据经过实践的、常识的、观察的方法来做的。

研究个体的教育图表：想要获得个体人格的比较翔实的资料，可以根据个体的教育经历绘制一张图表，然后通过这张表来收集想要的信息。如他有没有读完小学？是否中途辍学？辍学的原因是什么？与家庭的经济状况是否有关？或者另有别的原因，比如寻求冒险？他读过高中吗？高中毕业后是否考取某所大学继续求学，直到毕业？抛开他的才能和智慧不说，如果他一直坚持下去，这证明他的工作和学习习惯很好。一个人要想胜任一份工作，我认为，工作习惯对其而言是一份资产。在看他的图表曲线时，我发现是从大学开始往下降的。关于大学，我把它看作是个体的一个成长的地方，即这里是改变他在家里养成的习惯的地方；是一个学会如何与人和谐相处，掌握处事手段的地方；是一个让他学会保持干净、整洁，学会将自己的衣服熨平整的地方；也是一个学会怎样礼貌对待女士，使自己变得更为绅士的地方。总之，大学就是一个发现如何将空闲时间利用起来和寻求文化的地方。其实最后，我们应该了解了，大学就是学生学会尊重思想和怎样思考的一个地方。假如大学不拥有这些，那它就是失败的，在大学获得的身体的和语言的习惯，在生活中就很少被彻底地体现。我读了 4 年大学，最后肄业，在学校里学习的是希腊语和拉丁语，可今天我并不会写希腊字母，读不懂有关希腊文的书籍，如果我的衣食住行需要靠它的话，那就麻烦了。

不可否认，大学培养的人，或者说读过大学的人大都能获得成功。他们的人生比较顺遂，不像没有读过大学的那样更加波折，因为他们更容易受到欢迎。但尽管如此，也不能说没有读过大学的人，就没有获得成功的潜质和机会。

研究个体的成就图表：我认为，个体在每一年的成就，应该是判断他的人格、特点和能力的主要因素之一。想要了解个体每年的成就，我们可以为他绘制一张图表，在上面显示出他在担任各种职务时，任职的时间和他每年工资收入的增长情况，并以此作为客观衡量的数据。一个男人如果在他 30 岁时，就已经更换过 20 次工作，并在这期间，都没有获得明显的提高，那么，到了 40 岁，他还可能更换 20 次工作。假如，我有资金从商，我不会愿意雇佣一个 30 岁并且要求每年薪资至少 5000 美元的人担任要职。我希望能雇佣一位年纪 40 岁，薪资要求比较低的人。这里，除了特殊情况，还真的找不到一种固定且又迅速的法则可供检测。但有一点可以肯定，一个人在每一年里，他的工资增长和职位的提升，在个体进步中是重要的因素。

同样，如果我们想要获得一个作家的成就史的信息，我们就要为他绘制一张稿费收入表。在最主要的杂志上，如果他在 30 岁时获得的稿费和他在 24 岁时获得的稿费相同，那么，这种现象说明，他可能就是一个平庸的作家，永远不会有更大的文学成就。

心理测试作为研究人格的一种方法，自从闵斯特伯格开启了工业心理学研究后，它已获得了很大成就，已经成为企业家选择雇员或工人的依据和指南。现在，商业组织已经发现，在这些理论中，有一部分是一些心理学家的雄心勃勃，是不切实际的东西，还有一部分是由于商业机构浮躁所致，因为它们一直等不到心理学家发展特殊商业所需的方法。各行业虽然不想给心理学研究工作进行太多投资，但他们期待心理学家能够通过某种方式参与进来，在行业中，用另一种方法将商业主管难以解决的商业问题解决掉。在这里，对于员工如何选择，选择后的职员安排及提升，工人的工作效率及他们最后的高兴和满足，我是能够想到的。总之，在我们的感觉中，人格是一个重要的因素。

但需要记住的是，职业测试只能将在特定时间完成一些事情的全部能力表示清楚，它具有特定的误差。做某些事情的全部能力，其实并不能表明个体“系统的工作习惯”。在饥饿或是需要有个避身之所时，个体确实会很卖力地工作。但这些“遭遇”过去之后，有了住处，吃饱了之后，他的工作是否还会像之前那么有效率？在此后的工作过程中，等着下班恐怕会成为他的一种习惯吧？这的确是很多个体的真实情况。我认为，应该根据一个人的工作习惯，来判断一个人最基本的性格特征，比如看他是否真正热爱自己的工作，是否希望承担超负荷的工作，工作的时间是否比指定的更长，在完成工作后能否清理工作场所。我发现，那些好的习惯，其实很早就已经进入了个体行为之中，否则，那些习惯将永远不会被他拥有。直到今天，还没有关于从这方面得出个体能力或弱点的心理学测试。

第一，研究个体的业余时间和娱乐活动。工作之余，娱乐和消遣是必然的，在这方面，人们都有各自的方式。有人喜欢运动，有人喜欢读书，有人喜欢欣赏音乐；但有一些人喜欢酗酒，快速驾驶，或者热衷于性等；也有一些人是工作狂，他们十分热衷于工作。

在我看来，娱乐和运动是很外露的东西。而同样是娱乐和运动，有些是有益的，而有些是可能会带来危害的，如快速驾驶、酗酒等，它们可能会使生命安全遭遇威胁。

室外运动是有益的，它不仅强身，能使人产生强烈的竞争意识，还能加强协作关系。如果我发现哪个人有擅长的室外活动的形式，如各种球类运动、钓鱼、打猎、跑步等，我会觉得这些运动形式，对你们研究这个人的经历是有帮助的。

对于室内活动的情况，我做了一些研究，如打牌、跳舞等。我认为，如果一个人没有能力赚钱，却想同时对某项娱乐活动做到非常热爱的话，绝对是一件十分困难的事；同样，一个不友善，无法与他人和睦相处的人，想要热爱运动也很难。基于此，我想我们可以暂且认为，娱乐和运动对我们研究个体人格可能是一个不错的线索。

第二，研究个体在实践条件下的情感特征。其实，对于个体人格的研究，即便我们之前就对相关因素进行了研究，诸如教育经历、个人成就、娱乐活动等方面，但想要对个体人格做出准确判断也是不够的。一个在工作习惯和身体语言方面很成功的人，却未必会受人欢迎，也许他是个令人讨厌的人。他可能很吝啬、很不友善、很傲慢，甚至很卑鄙，让人不想靠近——靠近后觉得可怕。当然，我说的是那些在情感方面没有得到充分发展的人。无疑，在情感方面他们是失败者。通过观察，我们对此现象进行了测试。假如你想邀请一个人，或者去拜访一个人，但因为你对他不甚了解，所以不敢贸然行事的话，那么，你完全可以先对其进行观察，观察他的朋友是否很多，他与朋友的关系保持的时间是很长，还是很短。如果答案是否定的，那么我们就可以断定他是个难以相处的人，不管他是否工作很出色。

我们发现，在判断人格时，有些事情是很难做出判断的，比如对于说谎、诚实和其他所谓的道德品质，就很难做一个横截面。对于这些情况，可以说是没有什么可用的方法来发现它们的，想要了解个体的人格中存在的这些方面，最好的办法就是了解他们的经历，并对他们近期的生活进行观察。而且，在进行观察时，必须扩大观察的范围。例如，扩大到他的朋友圈，而且在对其行为进行观察时，要花费一定的时间，想要在短时间内观察准确是不容易的。假如人们在写信时，能够更加诚实地陈述事实，那么我们对个体情感特征做出的判断的准确性就会更高。可是，很少有人能写出诚实的信，这使得那些推荐信的参考价值大打折扣。事实上，我非常怀疑对于个体情感特征，我们是否能获得有价值的判断，比如能否正确判断出个体与别人相处的能力？当劳动强度大时，他会好好工作，还是在劳动强度小的情况下，他会好好工作？在单独一个人的时候，他能更好地工作，还是与更多的人在一起时，他能更好地工作？在工作习惯方面，他是否存在马马虎虎的问题？在工作方面，他的适应能力如何？他会不会把那些不适应的方面隐藏起来？在工作中，他是在被鼓励的情况下做得更好，还是在被斥责的情况下做得更好？

想要对个体的人格做出正确判断，绝对不是短时间内通过一两种习惯能够判断出来的。在我看来，想要比较准确地对他人的人格做一个判断，最好的方法是提供一所预备学校，在一段明确的时间里，使个体确实能接受各方面的观察。假定某个人有着很高的智能（我们指的仅仅是相当的身体和语言组织），可是，他在工作中却常常很失败，造成这一现象的主要原因是其缺乏好习惯，即“缺乏良好的平衡情绪训练”。我想换一种可以让你们更容易理解的说法，我把它们换成这样一些词汇来表示，如个体是“敏感的”“执拗的”“傲慢的”“不愿接受批评的”等。如果想要获得这些情感因素，一定要将个体置于某些情境中，如同我们在研究婴儿的时候一样。你们知道，这些是没有组织的婴儿时期的反应类型——从婴儿时期遗留下来的。在一个星期或一个月的工作过程中，这样的情境可能很少提供给他们，因此个体必须被长时间地观察。

我认为，商业机构或多或少会确信这一点，他们准备给予员工比以往所给予的更长时间的预备训练，包括岗位调动。

4. 关于人格的研究有捷径吗？

如果我们对被试者做一个访谈，能不能通过这样的一次访谈来了解一些有关人格的内容？不错，在进行私人访谈的过程中，对个体的一些情况，我们可以有所获悉。但是，私人访谈必须加以扩展，而访谈也不能只进行一次，因为那样我们很难获取更多的信息。而且，值得关注的是，在访谈期间，我们不可忽略细节，很多细小的情况都应该被观察者发现和利用。当我们在观察时，个体说话的声音、他的姿势以及他的步调和他的外表，对于我们的观察来说都有着非常重要的意义。这些可以让我们在看到一个人时，立刻说出他有没有受过教育，有没有良好的举止。一个人进来接受访谈时，不脱下自己的帽子，嘴里叼着雪茄；另一个人进来接受访谈时，表现得很惊慌，甚至连话都说不出来；还有的人在接受访谈时，总是自吹自擂，让人唯恐避之不及。

一个人的衣着，也可以反映出他的行为。他是否有干净整洁的习惯，我们从他的衣着上就可以做出判断。如果他的衣领很脏，或者手和手腕上都是泥垢，我们就可以认为他是一个不爱整洁、举止不文雅的人。但是，我们很难从私人访谈中获悉一个人的工作习惯，也无法了解到他是否是一个诚实可靠的人，他是不是一个坚持原则的人以及他的个人能力强弱。正如我在前面提出的，想要判断一个人的人格，我们需要对其个人的生活经历进行详细的了解。

不论是当官的，还是普通老百姓，他们为什么都相信自己能够判断别人的人格呢？其主要原因，可能是他们对自己有信心，认为自己可以做到。在他们所活动的那个圈子里，人格给了他们一个标准。他们之所以做了坏事也没有被人发觉，是因为他们没有被检查到。假如在一群来申请做办公室勤杂人员的人中，或者在一群来申请其他不需要特殊能力的工作的人中，让你挑选出一个人来做这份工作，你如果采用蒙住眼睛的方法来挑选的话，你选对人的概率只有50%，或者稍微高一些。一般情况下，我们要求的工作标准并不高，所以在每一个办公室里工作的人，只需胜任自己的工作即可，而一旦提出高标准，有些人便很难胜任。虽然许多办公室的主管都有着敏锐的目光，也与申请工作的人员开了见面会，并以口头方式提出了一些问题让他们回答，然后做了记录，以了解他们的水平，但这并不是一种最好的选择人才的办法，因为它无法使挑选的准确率变得更高。当然，与随意选择的方法相比，这个方法稍好一些，而能让那些心理学骗子钻空子的原因也正是如此。

第五章

学会战胜恐惧：怎么克服恐惧、害怕的心理

恐惧，是一种人类或者其他生物的心理活动状态，是我们前面提到的情绪的一种。通俗地讲，恐惧是指人们在面临某种危险情境，企图摆脱而又不能摆脱时所产生的担惊受怕的一种情绪体验，这种体验是非常压抑和不自然的。千百年来，我们的祖先就和恐惧进行了各种各样的斗争，他们创立了各种宗教，幻想以超自然的信仰摆脱恐惧，但这类方法只是掩盖恐惧，并没有从根本上提出行之有效的解决方案。直到行为主义的出现，它从刺激和反应的角度阐述恐惧，并提出了系统的解决方案。行为主义者认为，恐惧是由两个或者多个刺激同时出现，并产生替代反应而引发的，因此，解决恐惧问题也应该从刺激和反应入手。用良性的刺激替代不良的刺激，就能从根源上克服恐惧。

1. 恐惧可以消除吗？

为了确定儿童的条件性恐惧反应，我们做了如下实验：让许多不同年龄的儿童进入一组能引起恐惧反应的情境之中。与我们以前提到过的一样，在家里抚养的孩子表现出恐惧反应。根据这一现象，我们更坚信这些反应是条件化的。在这个实验中，让每个孩子经历这些情境，观察他们在此的种种行为表现，这样关于儿童最明显的条件性恐惧反应不仅被我们找到了，而且我们还找到了引起那些反应的物体（和一般的情境）。

不得不说，当时我们在做这项研究时，是在十分不利的条件下进行的。对于儿童恐惧反应的遗传史，我们并不清楚。所以，对于一个特定的恐惧反应，我们不知道它是直接被条件化的还是仅仅是迁移。可以说，这对于我们的研究而言，是非常不利的。

我们做了如下实验：当我们把一个儿童的恐惧反应和引起恐惧反应的刺激确定下来后，接下来我们要做的就是试图去消除它。

我们按照一般的假设去推断，儿童或者成年人在经过长时间的刺激消除后，可以“忘记他的恐惧”。事实上，通过测试，我们也证明了这一方法确实有一些效果。下面是我引用的琼斯夫人的实验室记录。

案例 1：被实验者罗斯，21 个月大。

一般情境：我们把罗斯和其他孩子放在一个围栏里，他们就在那里做着游戏。这时，从屏障后面跳出来一只兔子。

实验时间：1月19日。

正在玩耍的罗斯看到兔子后，开始大哭起来，但是当实验者将这只兔子拿在手上时，罗斯的哭声减弱了；而实验者把兔子重新放到地板上时，罗斯又开始哭泣；当实验者将兔子拿走后，她不再哭闹，安静了下来，并拿了一块饼干，重新去玩她的积木。

实验时间：2月5日。

经过两个星期后，我们又安排了与上次同样的情境。这一次，罗斯在看到兔子时，一边哭一边发抖。她哭了几分钟后，坐在她和兔子之间的实验者，想用玩具转移她的注意力。罗斯虽然最后停止了哭闹，但并没有想玩玩具的意思，而是一直盯着兔子看。

案例8：被实验者博比，30个月大。

实验时间：12月6日。

博比正在玩耍时，我们让一只关在笼子里的小老鼠出现在他面前。当时博比看上去并没有非常恐惧，也就是说，其恐惧反应只是轻微的。他没有去接近老鼠，而是站在与老鼠有一段距离的地方，一直盯着它，之后便开始向后退，并哭了。接下来的3天，我们对博比进行了训练，他渐渐地开始适应，并与老鼠在一个围栏里游戏，而且敢用手去触摸它。也就是说，面对老鼠他没有表现出恐惧。后来，我们不再用老鼠对他进行刺激。

实验时间：1月30日。

差不多过了两个月的时间，我们又把博比带进了实验室，之前我们没有对博比做过任何特殊的刺激实验。博比到了实验室后，开始在围栏里玩耍，一会儿，一个实验者走了出来，手里抓着一只老鼠。博比见到后，立刻跳了起来，从围栏中跑出去，并且不断哭泣。老鼠被重新放进箱子里，博比跑到实验者面前，抓着她的手，显然，博比的反应证明他被惊扰到了。

案例 33：被实验者埃莉诺，21 个月大。

实验时间：1 月 17 日。

当埃莉诺在围栏中玩耍时，一个手拿青蛙的实验者出现在她背后。埃莉诺发现后，看着那只青蛙，然后朝它走过去，并伸出手去触摸它。这时，青蛙跳了起来，埃莉诺马上向后退。后来，只要一看到青蛙，她的反应就很强烈，她会摇着头，将实验者的手用力地推开。

实验时间：3 月 26 日。

过了两个月的时间，一直没有再跟青蛙接触过的埃莉诺，再一次被我们带进了实验室。当蹦蹦跳跳的青蛙出现后，埃莉诺一直往后退，然后哭着跑出围栏。

通过上述的一些测试以及一些类似的测试所观察到的结果，我们相信，消除情绪干扰的方法，并不像我们设想的那样，也就是说，其效果是很有限的。不过，我们关于这项研究的实验，由于种种原因的干扰，确实没有持续足够长的时间，这使得我们的研究没能掌握更加完整的证据。

2. 用语言消除恐惧

用语言来组织儿童对引起恐惧反应的物体进行反应，也是我们想要尝试的方法之一。但是在赫克希尔基金会做过的测试中，那些孩子的年龄大多数都在 4 岁以下，所以这个测试的可行性非常有限。因为，如果我们想要进行这方面的实验，必须在儿童具有一定范围的语言组织时才能进行。不过，针对此，我们还是找到了一个令人满意的被测者——一个 5 岁的小女孩。当时，我们发现这个女孩可以很好地组织语言，于是决定让她在我们进一步的实验者中充当被测者。

我们的实验是这样的：让一只兔子突然出现在她面前，看她如何表现。结果是，这个小女孩在看到兔子的一刹那，就表现出恐惧反应。接下来的一段时间里，我们没有让她再看到兔子，但是，实验员每天会给她讲一些关于兔子的事情，而且还会采用一些手段，比如拿着《兔子彼得》的连环画，给她讲解里面的内容；给她拿兔子玩具、塑料兔子模型等，让她把玩，并给她讲了很多关于兔子的故事。在讲故事时，还会不时地问她："你的小兔子在哪里啊""我摸过你的小兔子，它没有哭哦"等。这样的语言组织持续了一星期，当她再次看到兔子时，她的反应和第一次看到兔子时的反应完全一样。当时，她正在一堆玩具中玩耍，在兔子出现后，她立即从玩具中跳出来，并一直向后退。

当实验员去哄她时，或者拿着兔子时，她也会小心翼翼地伸出手去触摸兔子。不过，只要兔子被放在地上，她就会哭着喊"拿走"。由此可见，在消除人的恐惧反应方面，如果语言组织不能与动作的或身体的顺应相连接的话，就很难取得大的效果。

3. 怎样依靠社会战胜恐惧？

对于孩子来说，与更多人相识的方式大多是在学校和操场上。在一群孩子中，如果其中某一个孩子对某一物体表现得非常恐惧，而他周围的孩子却没有像他那样的表现，那么这个孩子就很可能会被大家冠以"胆小鬼”的称号。我们所做的实验就是，在一些儿童中使用这个因素，看看会得到怎样的结果。下面我们为大家介绍这样一个案例。

案例 41：被实验者阿瑟，4 岁。

我们的实验员把阿瑟放置于游戏围栏中，围栏里没有其他孩子，只有他一个人。正在玩游戏的阿瑟，在看到鱼缸里的青蛙后，哭着说“它们咬人”，然后就从游戏围栏中跑了出来。之后，他被抱进有 4 个小男孩的房间里。房间也有一个鱼缸。阿瑟到了房间之后，他摇晃着对着鱼缸，并将其他 4 个孩子向前推。这几个孩子中，有一个孩子伸手拿起了一只青蛙，并转身朝向他时，他大叫一声后逃开。这时候，那几位小朋友开始嘲笑他，并拿着青蛙追逐他。在这期间，阿瑟的恐惧反应一直没有减弱，由此可见，在特殊的场合中，恐惧并不会减少。

由此我们认为，对消除恐惧而言，使用这一方法显然是不合适的。它不仅不能减少儿童对动物的恐惧反应，还将对整个社会产生消极的反应。

而从一些实验来看，想要减少恐惧反应，可以运用适当的社会方法，也就是通常说的社会模仿。请看下面两个案例。

案例 8：被实验者博比，30 个月大。

实验员把博比放置于围栏中，同时围栏中还有玛丽和劳雷尔，他们三个在围栏中玩了起来。一会儿，实验员把一只装有兔子的笼子拿了进来，当博比看到兔子时，便开始哭闹，喊着“不、不”，并让实验员把它拿走。可是小女孩玛丽和劳雷尔在看到兔子后，却飞快地跑了过来，兴奋地看着兔子，并对其评头论足。这时，本来对兔子恐惧的博比，看着她们俩的样子，也来了兴致，慢慢地凑到跟前，说：“什么？让我看看。”由此我们认为，在社会环境中，是好奇和自信将博比的恐惧压了下去。

案例 54：被实验者文森特，21 个月大。

实验时间：1 月 19 日。

对于兔子，文森特一点都不怕，甚至在兔子的爪子抓他的脸时，他也不害怕，而且还会大笑着去抓兔子的爪子。同一天，我们把他和露西一起放到了围栏中，让他们俩在一起玩耍。当兔子出现时，露西吓得又哭又叫。在这种气氛的感染下，文森特对兔子也渐渐产生了恐惧反应——在平常的游戏房里，露西的哭声对文森特并没有太大影响，不过，只要露西的哭叫和兔子有关系，对文森特就会起到一种提醒作用。恐惧以这样一种方式迁移，其持续的时间是两个多星期。

实验时间：2 月 6 日。

在游戏围栏中，埃利和赫伯特正在与一只兔子玩耍。一会儿，文森特被带了进来，当他看到兔子时，他警惕地站在与兔子有一定距离的地方。埃利看到文森特一动不动地站在那里，便向他走了过去，然后拉着文森特靠近兔子，并引他去触摸兔子，文森特才笑了起来。

这就是我们的实验所得到的结果。我们从中发现，一个没有对物体产生恐惧反应的儿童与已经对物体产生恐惧反应的儿童在一起时，他的行为无疑会受到后者的影响。因此说，想要消除恐惧反应，无论运用哪一种方法，都不会产生特殊的效果，也不可能对儿童没有伤害。

第六章

人性的弱点：行为心理学家的人性分析

人性有非常多的弱点，想要准确无误地描述这些东西并不是一件容易的事。而事实上，一个人对生活观察得越详细，他就会越深刻地认为，最值得炫耀的东西，往往正是一个人的主要弱点。自负、自卑、爱发脾气甚至强迫现象都是人的弱点，而行为主义者也为解决人性弱点提供了一套行之有效的方法。他们认为，这些弱点很多都是在婴幼儿时期遗留下来的，并且是由行为产生的，所以行为主义者拒绝谈“心灵”，也就是说，人性的弱点和优点与意识没有任何关系。所以，克服人性弱点也好，塑造良好人格也好，都可以从改变行为或者刺激反应方式开始。本章将会从行为主义的角度阐述人性。

1. 警惕心理学诈骗

正统心理学家创立的理论被广泛地应用，在人格研究中更是被过度地应用，也因此出现了许多被我称为“骗子”的心理学“寄生虫”。这些人当中，自然也包括一些著名人物，这些人物直到今天还在主张用我们抛弃的所谓的精神来交流。他们主张人的外胚层的存在，并声称可以证明这一结论，证明有些人靠某种神秘力量可以使周围普通物体的物质平衡受到干扰。在对这一结论持反对意见的人中，我认为霍迪尼先生的抨击最为有力。但也有一些学者的立场，助长了心理学领域中“寄生虫”的不断繁殖，这些学者包括奥利弗·洛奇先生和阿瑟·柯南·道尔先生。在我看来，正是因为有洛奇和柯南·道尔这些人，所以，我们再用“骗子”这一词汇来称呼他们，恐怕已经不合适了，他们应被称为“误入歧途的热心者”。然而，这些人虽然在逐渐老去，但是他们并没有打算退出历史的舞台，因为他们依旧保有像孩子一样的、对必须离开这个世界的恐惧感。

最可恨的骗子是那种为行业提供服务的人，他们拿出很少的钱用于所谓的服务行业，为工厂、机关选择人才，为受雇人员提供特征和人格解释。行为心理学家对他们的这种行为深恶痛绝，他们给大学生带来了极大的危害。前不久，我去参加了一次这类人主持的讲座，那人从表面上描述了自己的几百种观点，大致是说，他可以将每个人的特征说出来，并能判断出这些人适合从事什么性质的工作，他还声称自己的这些解释误差极小。讲座结束后，我向他提出了一个问题，我说如果我将 6 个 16 岁的人带到他的办公室去，他是否愿意用他的方法，帮我在这些人中挑选出3个正常的人和3个低能的人。我不需要让他说出这些人适合做什么，也不用他告诉我这些人有关的性格和人格的确切要点，我只是请他告诉我这几个人到底是“头脑清醒的”还是“低能的”。当然，对性格做出解释和选择人格，这无疑是我们需要做的第一步。其实，我提出这个问题是很正常的，并没有侮辱他的意思，但当他听我说出这个问题之后，显得非常生气，并说我是在故意刁难他。

对于所谓的可以从照片上判断出一个人的性格的观点，我曾经试图予以揭露。为此，我在我的一篇文章中暗示过运用这种方法判断他人性格是不正确的。我的观点似乎伤害到了某些人，于是，有个人写了一篇很长的论文，来解释说他所做的这件事并不是每个人都能做到的，而且在他的机构里，有一些文科硕士生相信他的能力，并愿意拿出1000美元资助他做以下这样的研究。

（1）从一个“无助之家”中挑选出一些人，他们从孩童时期起，就成为乞丐和无用的人，对于他们的经历大家都清楚。

（2）去监狱中挑选出一些人，这是一群从少年就走向犯罪道路的人。

（3）在社会中挑选出一些著名的、博学的人，这些人都在各自的领域享有盛名，其照片经常见诸各大报纸与杂志上。

然后，将这三组人全部剃须、洗澡，穿上礼服，拍标准照。但是这项工作在进行当中，遭到了一些人的反对，所以实验停止了。

第三种骗子是用人们的身体特征来作为指导他人了解一个人特性的切入点。尽管我们也经常会对一个人的肤色、指形、发质等进行观察，然后将其与某种类型的行为，和个体的总体成就联系起来，但对于用这种方法作为联系是否能够获得比较准确的判断，我们无法给出肯定的答案。然而就是有这样一些人，他们既没有受过科学的心理学训练，对心理学实验也没有给过任何的帮助，却坚持说自己能以非常高的准确率挑选出总经理、销售人员。虽然这些人的说法很值得怀疑，但是他们的广告却经常见于一些很有名气的杂志和报纸上。

心理学家认为，从某种身体特征与某种能力之间找出相应的关联，并不是一件容易办到的事情，对于任何一种简单的身体特征或是一组身体特征来说，想要在任何一种能力或几种能力之间找到关联都很难。我们在对一张照片或对处在静态的一个人进行静态观察时，我们所能确切说出的也只是这个人看上去身体很健康，好像智商也可以。也就是说，我们在这样的情况下，所能做的只有客观的判断而已，我们甚至都不能再进一步地断言他是否属于“低能的人”。其实，就算我们对一个人进行一个小时的访谈，有时候可能也会因为一件最简单的事情而判断失误，我就有过这样一次经历。前不久，我与一个人进行了接触，我们先在电话里交流了 20 分钟，随后又碰了一次面，在一起聊了半个小时。这个人接受过良好的教育，并且能力很强。他看上去有点压力——其实我们中的很多人都处在压力下，第一次见面更是如此——在起身离开之前的 2 分钟，他把一张 1000 美元的支票抽了出来，然后对我说，他是修理缝纫机的，平均日赚 1000 美元。我与他进行了 50 分钟的访谈，访谈结束时，我已改变了自己的判断，并认为他的精神是错乱的。随后，我对他的经历进行了详细了解，并确信自己的判断是对的。

无疑，心理学骗子对我们这个社会的危害是极大的，它阻碍了科学方法的建立和传播。我们的一些老板，在面对人才的选择和提升时，总认为应该依靠某些神奇的方法，但结果是他们自己干扰了人才的发展。跟大家透露这样一种情形：总会有人找到我这里来——至于多少人我就不告诉你们了，反正有一些人经常找到我，原因是他们的职业受到了严重的干扰。这些人工作都很出色，但是一些性格学家却对他们说，如果他们将来能够从事歌剧、外交，或是进入比他们现在的工作更广的领域，他们应该有更好的发展。所以，在听到这些话后，他们觉得自己似乎应该重新做一个选择，也就是放弃现有的工作，然后按照性格学家说的那样，去追逐在将来能为他们的人生带来更美好前景的工作，也就是未知的、未经证实的美好前景。

对于社会上出现的这方面的各种骗子所经常使用的手段，我愿意拿出更多的时间来告诉你们。在这里，我仅仅将一些不同类型的骗子的手段，给大家列举一下。在这些骗子中，颅相学家是一种快速的人格阅读者。他们似乎只需触碰一下你的头，就说已经了解你了；他们触碰过你的头颅后，表明脑子中某一部分的展开，而你的能力和职业的归属就存在于此。他们通过把触碰绘制成图表，然后标出你的能力，但触碰头颅与脑的形状或大小无关。事实上，颅相学家碰一下我们的头盖骨，也可能就是对头盖骨或太阳穴进行了一次轻微按压，而这有时会造成两种情况，即推进和推出。通常而言，大脑是平滑的，差不多跟在一种液体中漂浮一样。另外，我们已经放弃了脑的“官能”，放弃了脑的定位，而由于科学的发展，人们对于物质世界有了更多的认识之后，颅相学家在几十年前就消失了。现在，神经病学已经成为一门科学，而它所关注的也并不只是心理学范畴。

还有一种就是笔迹学家，这些人通过一个人的书写便能讲出他的潜能和性格。一个人在书写中一笔一画的习惯，他是否马虎潦草，笔迹倾斜的方向，都显示着一个人的人格。对于这些说法，我想提醒大家不要太相信，靠笔迹来了解性格的方法，我们只把它当作一种业余爱好，玩一玩还是可以的。当然，从一个人的书写当中，我们确实可以了解到一些东西，比如一个总是写错字的人，我们可以认为他可能很粗心，写字的速度比较快等。

另外，可以从一个人留下的书写的作品中，找寻一些有关他人格的线索。对此，一些心理学家早就开始了仔细的研究，直至今天，这种研究仍在进行。但是，至少有一点已经被研究者发现，那就是某种笔迹与某种能力之间存在关联的这一说法，其实并不具有科学性，其根据很不可靠。对于笔迹学家来说，人们至少要求他可以从笔迹中辨别出书写者的性别，但仅确定这一点就相当困难。前不久，我对一大批签名进行了翻阅，这些签名只有姓没有名，看过后，我以为它们都出自男人的手。结果，通过询问后发现，我的错误率高达 80%，也就是说，有大约 80% 的笔迹，我以为出自男人，结果却出自女人。

2. 成人有哪些人格弱点？

人性有很多弱点，想要为主要的失败简单地描述出一个起点，并不是一件容易的事。而事实上，一个人对人类的生活观察得越为密切，就会越深刻认为，看来很有实力的东西，往往正是一个人的主要弱点。我们可以从以下几个关于人格弱点的标题来对其进行阐述，这几个标题为：（1）我们的自卑；（2）对恭维话的感受性；（3）为了成为国王或王后，我们的不懈努力；（4）婴儿时期遗留下来的不健康人格的一般原因。

首先，我们的自卑。我想先跟大家探讨一下，自卑被“组织”进入这个系统的步骤。关于这个问题，精神分析学家深入分析过，而我想要跟大家说的是，在科学术语中自卑是指什么？也就是说，到底是什么引起了自卑？大多数人已经形成了一组掩盖、隐藏自己自卑的反应，比如害羞、沉默、发脾气，以及对社会问题或道德问题抱有守旧的态度等非常普通的方法。就像一个非常自私的人往往会设计一个非常好的幌子，来隐藏他自私的一面；那些最下流的人，却往往高声强调贞洁；而最容易受到引诱的人，也总爱吹嘘他的道德观，强调行为水准是赖以存在的规章制度，这样的一些人，他们的其实内心很脆弱，所以他们需要那些反应来支持自己。

同样，我们组织习惯系统是为隐藏自己的自卑而服务的。一个个子矮小的人，往往喜欢大声讲话，在穿着上会十分大胆，且表现得“趾高气扬”，行为激进。他的这些反应，是为了引起他人对自己的注意，所以必须用一些与他人不同的方法来表现自己。女性之间更是如此，一些相貌普通的女性，也能找到一些办法来遮掩自己的平凡，以与那些漂亮的女性相抗衡。虽然她们没有漂亮的五官，但可以把自己的外表装饰得很优美；或许她们的手很笨拙，可是她们的腿却是让一些拥有鉴赏眼光的艺术家所钦佩的。假如从容貌、身材方面来比较，人与人确实有一些差距，所以，一些普通人让自己变得比其他人更加时髦一些。像因为太胖难以拥有曼妙的身姿时，会坐漂亮的汽车，用耀眼的珠宝装饰自己。

应该说，不论如何，绝大多数人都不可能让自己长久面对自卑。虽然一些分析学家对我的这一观点有异议，但我认为就是这样。我有很多朋友是分析学家，就像其他领域一样，他们的理论也经常遭到攻击，当人们对他们所拥有的较大权力进行批评时，他们都会感到非常愤怒。很多人都说，当人们对自己好的一面大肆宣扬时，是为了炫耀自己，而这对他们来说是必需的。这一点我们必须承认，这就像婴儿在想要得到奶瓶前所做的一个动作。我们要问，人们为什么会这样做？实际上，这些所谓的“补偿”的起源，从婴儿时期就已经开始了。我们成人总会对自己的孩子说，你很聪明，比邻居家的孩子聪明。人们对自己的孩子非常宠爱，愿意为孩子做很多事。对此，分析学家称其为这是“自我”的表达。这种“自我”的形成时期很早，是人们还在母亲的怀中时，就已经形成的一种有组织的习惯系统。而造成这一结果的正是父母自己的自卑，父母总是尽力维护自己的孩子，即便又矮又胖，但是，在邻居来的时候，他们总会从自己的孩子身上找到一些邻居孩子所没有的东西。假如自己的孩子脚很大，父母可能就会认为自己孩子的手长得很好，很适中，样子很可爱。这样，就使得孩子从父母那里听到的有关自己的情况全都是好的，没有不好的。如此，一个人就形成了关于他本人的一种资源的语言组织，他能够谈论它，却没能学会谈论自己的不利条件。

第一，对恭维话的感受性。通过对男性和女性的人格观察，我们发现了人类保护层中的一些弱点。假如人们想要一种刺穿大多数人保护层的武器的话，我可以给大家提供，它就是恭维话。不过，恭维话已经成为一门艺术。因此，能够使用它的人，只有那些受过良好训练，在艺术方面颇有造诣的人。之前，我曾告诉大家，大多数人都有一组支配性的习惯系统。这些习惯系统来自宗教、道德、职业或艺术等。如果一个人不断受到恭维，那么想要接近他的话，就可以试着运用这一方法，因为它会让你成功接近他的机会变得更大一些。毫不夸张地说，如果是访谈的话，有时候可以在5分钟内就为这个支配性组织定下基调。我们通过观察发现，当我们恭维很多人时，如“你是一个了不起的人，你很聪明，让人感到愉快，我认为我们应该围绕着你转”。那么，这些人会很快与我们亲近起来。

精神分析学将性格中的弱点派称为“回避机制”。比如A，他是一个不想伤害他人感情的人，任何一个人的感情，他都不想去伤害，而且他为此不仅放弃了金钱，就连原则也放弃了。他还给自己背负起关心他人，为他人分担忧愁的责任。正是由于如此做法，他无法做到敢说敢干，也不敢将自己真实的想法告诉他人。

对于在任何戒律、任何诚实的规则以及任何毕生不变的信念上，男性和女性不受到伤害这一点，我持怀疑态度。我认为，在过去可能完全不会受到伤害，但在今天却已然不同。如今的社会，人们的很多行为已经普遍超越了习俗，宗教禁令也常常被违背，商业活动中的欺诈行为更是令人咋舌，以致商业诚实和正直需要用法律来维护。如果我们的弱点再不能顺利地解决，继续固执而敏感，那么大家受到伤害将是不可避免的事情。我说这些的意思，并不是说我们今天可以去做那些违法的事情，比如抢银行、杀人放火，或者不怀好意地去利用别人。而是说在某些特定的条件下，我们可能会做出一些不道德的事情。不论是在生意场上，还是在谋职过程中，这种事情是经常发生的。比如你有一个前任，当他对你有帮助时，你会很周到地帮他获得他应得的利益。你对他很支持，什么场合都支持，他不会做错事。但当你接近他，开始与他分享权力时，你应该少说多听，用耳朵去找找自己的过失。如果你听到在某些时候，你并没有得到他的信任时，一个强有力的声音出现了。当他终于被你取代时，你会感到很惊奇，他怎么会被你这样一个平庸之辈所取代呢？为了让你的取代有一个合理的解释，你用自己的经济实力来说话，这样，你既增加了你的资产，同时，也使你目前的地位更安全，更免去了之前那样的竞争再次出现。

我在这里将人的本性向大家予以揭示，其实并没有恶意，我想告诉大家的是，在某些情境中，我们的行为方式是下意识的。事实上，很多人对自身的弱点很清楚，当然，也有些人没有认真分析过有关自身弱点的问题，他们认为那是人类共有的，而且对自己的弱点也是宽恕的。在我看来，在处理人际关系方面，心理学家是最有帮助的。我对《圣经》上的一句话做了这样的意译：想要看到别人身上的缺点，只有一个办法，那就是先将自己身上的缺点改掉。这才是一条让人打心底里信服的规则，它比待人规则，甚至比康德的宇宙观都令人信服。

对于“你想人家怎样待你，你也要怎样待人”这一条做事原则，我们知道的太少。我们中一些人在这些方面是不正常的，甚至是病态的；而另一些人在那些方面也是不正常的，甚至是病态的，因此，在社会交往中，当我们试着用“你想人家怎样待你，你也要怎样待人”这一条原则去行事时，往往并不一定能得到自己想要的结果，所以我们经常陷入困境，甚至有的时候是最明显的几种困境！

康德说“有规则的运动适合于构成宇宙”，但是，对于不断变化的心理世界，显然没有什么规则适合于构成宇宙。那些适合于伊甸园的准则，对于恺撒时代是永远不会适合的，也不会适用于1925年。但对于自己的行为方式，每个人还是都能注意到的，并且个体在面对激发其行为的真正刺激时，也会经常感到惊讶。我们都能感受到自己自私、回避困境、妒忌、害怕竞争以及对恭维话的感受性，不愿意揭露缺点，甚至为了自己能得以逃脱，而将批评强加到他人身上，等等，也的确就是它们构成了人性中让人难以相信的部分。这些东西，往往在一个人真正面对他自己时才被揭露出来，这时他会被它们所压倒，于是，为了遮掩自身幼稚的行为，对于不道德的准则，他们想尽办法使其合理化，以此为自己开脱。只有真正的勇士才敢于直面自己的弱点，不对其进行遮遮掩掩。

第二，为了成为国王或王后，我们不懈努力。大概每个人都想成为国王或王后，并且认为这是自己不可剥夺的权利。人们之所以会这样，其实是父母从小培养的结果，是受我们所读过的书籍影响的结果。可以说，这个梦想在人生的整个经历中一直延续着。

国王和王后过着常人难以企及的生活，他们不仅能够得到自己想要得到的东西，有专人伺候，能吃上最好的食物、住上最好的房子，满足更多的欲望，得到更多的美学享受，等等，而这些东西的很大一部分是我们童年时代能够享受到的，正因为如此，人们很难放弃童年时代，总希望可以保留童年时代支配父母的那种生活。

事实上，这种奋争没有人能阻止，这就是生活的一部分。这类支配性的奋争一直没有间断过，而且会一直持续下去（直到行为心理学家把所有的孩子抚养长大）。想成为国王或王后是应该的，但需要明确的一点是，他们的领域是受到限制的。而另一件事情是，在这个世界上有那么一些人，他们自己渴望成为国王或王后，但不允许他人成为王室的成员，这很令人反感。我们在很多领域发现了这一点，比如牧师团、商业以及科学领域。可以说，在教育领域也有一些这样的教授。当他们看到自己最得意的学生在技术或在理论上有错误或弱点，并且与自己的理论有分歧，存在逻辑上的问题时，他们不会像从前那样对待自己这位最得意的学生，不再热情地推荐他进入理事会和主席团。当这位最让他们得意的学生也获得了教授职位时，推荐的事情就更不可能发生了。而迫于同事一再要求推荐，他们就会提出反对这位学生晋升的建议，当然，他们会采取很隐晦的方法，使自己的做法看起来非常合理。我们经常可以看到某位教授，以非常温和的态度对待他的学生，这种情形能维持多久，一般要看他处在顶峰的时间有多长。可以说，他的这种善良本性与此关系重大。教授会因为他培养了许多年轻人，而得到人们的尊敬。但是，他的“王位”是不允许他人过于靠近的，否则他所表现出来的所有的亲切和友谊，都会被妒忌所吞没。而那些所谓的正统做法，也就是社会上的行为准则和教养规则等，无非是为了能让国王和统治者继续他们的统治而建立的。

人格的弱点揭示了这样一个事实，那就是许多已经形成的习惯系统，被我们从婴儿时期和青年时期，一直保留至我们的成年时期。在这些系统中，大多数系统都缺乏语言的关联和替代，也就是说，它们具有不能用语言描述的特点。对于它们，个体不仅不会去谈论，反而会对他继承了婴儿时期的行为这一事实而加以否认。但是，在适当的情境中，这些孩童般的行为就会表现出来。而这些早年时期的遗留物，严重阻碍着健康的人格的发展。

我们所继承的一个系统是，家庭中的一个或几个成员——诸如父母、姐妹、兄弟——在我们被抚养的过程中，扮演着重要角色，因而我们对他们有着强烈的依恋。而一个人不论是对物体、地点还是位置，如果过分依恋的话，对自己是有害的。通常，这类遗留被称作“恋巢习惯”。婚姻虽然看上去只是两个异性的结合，但其实并不那么简单，它同时意味着一个陌生人进入到另一个群体之中，因为这个原因，在一个人被丈夫或妻子接受之前，会面临很多巨大的困难，这也是会有世仇存在的原因——你的父亲和母亲把这些习惯留给了你，并且以类似的方式，你又将它们带给了陌生人。对于这种幼稚病，我们将其看作一种永久性的社会遗产。另外，种族系统也在人们中间得到了培养，只是它表现得不太明显而已。

还是回到我们最感兴趣的关于一个人的成长问题。对于一个人的成长，让我们来做一下回顾。假如在你 3 岁时，你通过母亲对你的抚养，已经有了自己的行为方式。你是个小天使，在母亲眼里，你做什么都是对的。你父亲同母亲一样，也没有对你的所作所为加以修正。3 岁后，你开始上幼儿园，你成了幼儿园的问题儿童。没多久，你开始逃学，而母亲也支持你的行为。你又学会了撒谎，而且经常偷东西，被老师送回了家，从此幼儿园再也不允许你去那里上学。你母亲给你请了家教，他教育你，但他不能超越你母亲对你的管制权限。最后，你的人生一败涂地。在生活中，这类人随处可见，他们就是那种没有打破“恋巢习惯”的人，当这类人失去家庭宠爱时，永远别指望他们会干得多出色。当青春渐行渐远，为了谋求依靠，他们会退回到早年的依恋时代。

第三，对于孩童时期的习惯，我们应该每年抛弃一些，就像蜕皮一

样——但与蛇蜕皮不完全相同。随着年龄的增长，我们会进入到新的环境，而新的环境会对我们有着新的要求，所以我们必须有所改变。一个正常的儿童，在他 3 岁时，就应该有一个组织得很好的 3 岁的人格，也就是与这个年龄相宜的系统。但当他到了 4 岁时，就应该放弃 3 岁时的习惯，而且必须放弃婴儿般的话语，个人习惯必须改变。如果一个孩子在 4 岁时还在尿床、吮吸拇指、怕见生人、不能流利地与他人交谈，那父母就要对此加以重视了，这个年龄的孩子应该放弃裸露的表现。而作为孩子的父母，要在这个时候让他懂得不能乱闯别人的房间，在他人讲话时，不要乱插话，应学会自己穿衣服、洗澡，必要的时候，还要学会自己在夜间上厕所等。

如果一个家庭能这样教养孩子，孩子 3 岁的习惯就会进步到 4 岁的习惯，并且任何婴儿时期的遗留物都不会存在。真的能这样吗？其实是不太可能的，这只是我们主观构建的模式，事实上，它永远不会发生。不然的话，那就是他们的父母在婴儿时期没遗留下什么，或者对于怎样教养孩子，他们的确很清楚。

对于遗留物究竟会带来什么结果，我们已经概括地做了阐释，下面我从咨询经验中选取了影响成人生活的许多因素中的一种，来进一步帮助大家理解这个问题。一个母亲从小对孩子很温柔、很溺爱，那么，在这种情况下，她的孩子想要结婚就会比较困难，因为孩子自己做出的任何选择她都会反对。等到孩子好不容易结了婚，争吵也开始了。当这种争吵暂时平息后，儿媳妇过来和父母一起住。接下来事情就变得更糟糕了，孩子有了两个“妻子”——他的母亲和他的新娘。面对这种情况，这个青年只有抛弃那些婴儿时期的遗留物，让自己真正长大，才能摆脱他对母亲的条件反射。

自负是来自婴儿时期的溺爱，是一种无知和愚昧的表现，它对人格是一种损害。对于婴儿时期的遗留物，我无须再做进一步扩展。但我想说的是，在某种程度上，人有时整个行为所表达出的就是婴儿期和童年期会使人格颇具色彩的这样一个事实。

3. 精神病是真实存在的吗?

下面我要跟大家谈论的一个问题是：像精神病一类的疾病是否存在？如果存在，它的表现是怎样的？这种疾病如何治愈？

什么是精神病？当一种像“精神病”一类的错误概念出现时，我的反应是，假设有这种疾病，有精神症状和精神治疗，那么，对于这个问题，我是从另一角度来看待的。当然，我只能粗略地将自己的观点做一个概括。对于所谓的“精神障碍”“精神疾病”这样的术语，我用“人格疾病”或“行为疾病”“行为障碍”“习惯冲突”等来取代它。在许多所谓的精神障碍中，引起人格障碍的器质性障碍是不存在的——也不可能传染，不存在身体上的损害，生理性反射也不缺乏。然而，个体有着一种病态人格，其行为可能受到严重的障碍，或者处于一种我们所谓的精神错乱的状态，有时甚至为了他和他人的人身安全，不得不将他关起来，被关的时间长短由他的状态决定。

现今，对于社会结构中存在的各类行为障碍，还没有人做出合理的分类，至少我是这样认为的。我听说过躁狂抑郁性精神病、早发性痴呆、焦虑症，还有精神分裂症等，但这些分类对我没有一点意义，因为我根本不懂它们，我只是一般性地了解诸如阑尾炎、胆结石、肺结核、乳腺癌、瘫痪、机能不全等疾病。对于人生病，我有一些了解，比如一种组织受到损害后，需要多久的疗程。对内科医生告诉我的病情，我能够理解。但当我听到一个精神病理学家跟我讲“精神分裂症”，或者人“躁狂症”发作时，我觉得他们并不知道自己在说什么。我之所以会有这样的感受，是因为我觉得他们在谈论这些时，总是以所谓的“心灵”这一观点来看待病人，却没有从人整个身体行为的方式和行为的遗传因素去思考这一问题。当然，目前这种情况已经有所改变，在后来的几年里，这方面有了很大进步。

我认为，在所谓的精神病中，没有必要引入所谓的“心灵”的概念，为此，我向大家提供一幅图景，这幅图景是一只精神变态的狗想象出来的。假设有这样一只被我训练过的狗，它可以从一个放着汉堡牛排的地方离开，去吃已经腐烂的鱼。为了不让它在路上去闻母狗——它会在一定距离之内围着母狗走，但距离不会超过 10 英尺（约 3 米），我用电击的方法对它进行训练（这种类似的实验，在老鼠身上做过）。另外，让它与雌性小狗和大狗玩，但是，只要发现它有与母狗交配的迹象就惩罚它，我还为它安排了一只同性的狗（在老鼠身上也做过类似的实验）。经过这样的训练，在早晨我走近它时，它没有像以前那样在我面前表现出顽皮、可爱的样子，也没有过来舔我的手，而是躲在一个角落打着哆嗦，或是表现出畏缩的样子，发出一阵阵悲鸣，露着它的牙齿。对于小老鼠和其他小动物，它不仅不去追逐，还会躲着它们，并从喉咙发出害怕的声音。它在垃圾桶里睡觉，将自己的床弄得非常脏，而且总是尿尿，每隔半小时就会撒尿，撒得到处都是。它在离树干 2 英尺（约 60 厘米）外，对着地上抓扒、咆哮，但不去闻那些树干。它每天睡觉的时间很短，只有 2 个小时，在睡觉的时候，不是直接躺在地上，而是倚着墙。因为不吃脂肪类食物，它显得憔悴、瘦弱，不停地流着口水，这些对它的消化作用的发挥，起到了阻碍的作用。

当它变成了这个样子之后，我把它带到一个治疗狗的精神病理学家那里去。因为这只狗的生理反应是正常的，也没有任何的器官损伤，所以，通过检查后，精神病理学家给出诊断，说它得了精神疾病，也就是精神错乱。由于精神状况不佳，它的各个器官已经产生了障碍，非常明显的就是消化作用的丧失，而这已经使它的身体状况变得很糟。还有一个现象是，狗本应该做的事情，它却不会做，而与狗无关的其他事情，它却做了。基于上述的一些表现，精神病理学家认为，这只狗应该立即送往专门治疗精神错乱的兽医院去进行治疗，如果它的病情得不到及时控制的话，它可能会从很高的楼上跳下来，或者义无反顾地走进火堆。对于精神病理学家给出的建议，我自然是不会采纳的，不仅如此，我还郑重地对他说了几点我自己的看法：首先，我对他说，他根本不了解我的狗；其次，从养狗的环境出发，也就是我对它所用的训练方法这一点而言，它是一只再正常不过的狗了；再次，他之所以认为我的这只狗患上了精神疾病，或者精神错乱，完全是因为他荒唐的分类体系。

我希望这位精神病理学家能够接受我的观点，我还特意用自己的解释方法对我的观点进行了各种说明。但很遗憾，他对我的观点毫不理睬，甚至厌恶地对我说："既然你对我的建议不予以采纳，并且有自己的观点，那你就自己去对它进行治疗吧。"于是，我把这只狗带回家，开始用自己的方法对它进行"治疗"，也就是开始了矫正它的行为困难的一系列工作。我想我要做的是，至少让这只狗能够和邻居家漂亮的狗交朋友。我的狗并不老，如果很老的话，我可以不让它出门，但它是一只非常年轻的狗，这就意味着，如果我的办法可行，它就会很容易学习，而我保证，只要它去学习，它一定能记住所学的东西。我运用了很多方法，先用无条件反射对它进行训练，然后再用条件反射对它进行训练。过了不久，我开始让它在饥饿时去吃新鲜的肉，在喂食之前，先堵塞它的鼻子，而且在黑暗中对它喂食。这一方法给了我一个很好的开端，应该说正是有了这一尝试为基础，我今天的更深入的研究才得以顺利进行。我让它保持饥饿状态，在早晨打开笼子时给它喂食。我不再惩罚它，不再使用电击和抽打的方法来对待它。这样，不久之后，它只要听到我的脚步声，就会欢快地跳来跳去。经过这样的一些方法，它渐渐地改变了曾经病态的样子，几个月之后，我不仅让它改掉了旧的行为，还让它建立了新的行为。而且，没过多长时间，它已经成了一只很漂亮的狗，它很整洁，身上扎着蓝色的缎带，是一只人见人爱的值得主人骄傲的狗。

我的这段描述看起来十分夸张，我也承认我的说法有点言过其实，不过，我这里研究的是基本原理。我力求用简单和朴实的方法，来构建我的行为科学基础，所以，我才尝试着用这一例子，来尽量说明人能够被条件化。对于病态人格，我们不仅能够建立起它的行为复杂性、行为模式和行为冲突，而且通过相同的过程，还可以为最终导致传染和损害的器质性病变打下基础，而这些并不需要引进“心—身”关系的概念，甚至也没必要离开自然科学。换句话说，作为一个行为心理学家，在对待精神病患者时，所运用的材料和规则同神经病学家和生理学家运用的是一样的。

4. 如何改变我们的人格？

改变病态个体的人格，那是内科医生的工作。当人们在一种习惯发生障碍时，必须去找内科医生，不管他目前在工作方面的能力有多差，人们都要去找他。假如我感觉自己的一只手臂麻木了，我拿不了刀叉了，或者我对我的孩子和妻子无法做出形象化的反应，而在身体检查时，又没有发现任何器官的损伤。在这种情况下，我会立即到我的一个朋友那里去，因为他是从事精神分析工作的，到了他那里，我会说："尽管我告诉你我的情况很糟，但请你一定帮助我摆脱这一困境。"

而其实，对我们"正常人"而言，当我们对自己进行过检查，并决定把自身一些不好的遗留物抛弃时，我们也会发现，改变自己的人格的确是一件很困难的事。我们能否在一夜之间就学会化学？如果给我们一年的时间，我们能否真的可以成为最优秀的艺术家和音乐家？根本不用怀疑，仅仅是上面说的这些事情，实现起来已经是非常难的了，更何况是改变我们的人格。当我们在形成新的行为之前，将已经组织好的大量的旧的习惯系统抛弃时，那困难远比前者要大得多。但是，这是一个想要获得新的人格时所必须要面对的问题。在这条路上，没有谁能保证给予你准确的指导和帮助，任何人、任何学校都无法保证。而真正能改变我们的，是我们生活中遇到的事情，其中每一件事都可能是一种改变的开始，如家庭中的一个噩耗、一场地震或洪水，甚至一场搏斗，当然，可能还有健康状况的下降，宗教信仰的改变等。也就是说，任何一个使现有习惯模式崩溃的事件，都会将你的常规打破，从而使你陷入另一种境地。在这种情况下，你不得不学会与过去对物体和情境的反应所不同的反应。这时，对你而言，重建一个新人格的过程可能会启动。在新的习惯系统形成的过程中，我们将旧的习惯系统抛弃，直到它完全消失为止。也就是说，在这一过程中，个体原来保持的习惯在慢慢丧失，因此，他受到旧习惯系统的支配会越来越少。

那么，我们如何才能使我们的人格发生改变呢？想要实现这一目标，可以利用这样两类东西：其一，是"非习得"的东西（它们可以是一种积极的"无条件反射"过程）；其二，是"新习得"的东西，这是一个积极的过程。由此可见，想要彻底改变人格，只有通过改变个体环境，才能达到重塑个体的目的。可以说，这是唯一可行的路径，用这一方法可以形成新的习惯。它们对环境改变得越彻底，人格的改变也会越多。不过，能够独立做到这些的人非常少。所以，我们始终有相同的旧的人格。很多人都希望能改变自己的人格，而因为独立完成这一愿望又是那样难，所以，在未来，我们应该建立改变我们人格的医院，来帮助想要改变自己人格的人们，这样，这件事做起来，可能就会更容易一些，而且所花费的时间也不会太长。

第七章

天赋与本能：行为心理学家眼中的人体潜能

受与生俱来的身体器官的支配，人生来就能通过诸如呼吸、心跳等方式对刺激做出反应。我们认为，在这些简单的反应中，并不存在与现今心理学家和生理学家所描述的“天赋”或者“本能”相关联的东西。人类所认为的应该被称为“天赋”的行为，实际上都是在成长过程中，受到社会中各式各样的刺激条件而形成的反应。而那些被人们称为“遗传”的素质，大都是在摇篮期就接受了训练。行为心理学家更愿意说：“这个孩子确实如他父亲那般，拥有纤长的身体，相同的眼神。他父亲也非常宠爱他，在他1岁的时候，父亲就把一柄小剑放到了他手里。在他们一起散步的时候，父亲和他讨论怎样舞剑，怎样进攻和防守，以及决斗的规则，等等。”而不是说：“孩子通过遗传继承了父亲作为一名优秀剑客的才能。”

1.天赋真的存在吗?

我们知道，在不同地区生活的人有着不同的生活习俗，做着不同的事。生活在热带的人，赤身露体，靠捕猎、摘野果为生；生活在温带的人，则通常住在豪华的温室里，男性喜欢戴帽子，喜欢工作，女性则通常衣着光鲜，照料家务；而在寒冷地带，人们通常用动物的皮毛覆身，吃富含油脂的食物，住在冰堆起来的房屋里……试问，在如此多的种族生活习惯差异中，生活在各个种族中的成员若非受同一组刺激的影响，又怎会有同一组反应呢？试问，在同一片生活地域中，生活在几百万年前的人和今天的人，他们是否有着同样的“天赋”？或者，一个人出生在非洲的黑人部落里，或是出生在雍容华贵的欧洲皇室中，他也是否能够表现出同样的“天赋”呢？

所以，那些声称能力、才能、气质、性格是受遗传因素影响的论调，在行为心理学家看来并不成立。这些后天的复杂反应，其实是在其所生活的环境的刺激作用下形成的。遗传心理学家作为回应这个问题的最合适人选，也不愿直面它，他们只会说：“确实，不论一个人的父母有着什么样的社会地位，也不论他的出身有多优越，他作为婴儿的本质和反应与其他同类婴儿毫无区别。”

这样的论调也许刺痛了一些信奉优生学主张的人，他们会对此提出质疑说：“难道父母的基因对孩子的天赋毫无影响吗？难道人出生时没有优劣差距可言吗？经过了这么多代的人，难道人类的思维、智力毫无进步吗？”

我们必须承认，人在形式上、结构上，的确存在着遗传差异，好比黑种人生黑种人、黄种人生黄种人、白种人生白种人。还有一些变异的生理会通过遗传延续在后代身上，例如皮肤、眼睛、头发的颜色等。常识告诉我们，如果祖辈或者父母有这样的特征，就差不多可以预见他的后代也存在同样的特征。然而，不要被这些显而易见的遗传事实影响你的判断。在生活中，还有很多生理上的结构特征，如果没有在特定的环境中接受刺激，可能永远都不会呈现出来。我们真正的遗传结构的呈现方式，最终是看我们在什么环境中接受刺激的。好比打铁的人的胳膊，健身的人的身材和肌肉，还有一些从事伏案工作的戴眼镜的人，他们生活的环境决定了他们生理结构上的差异。

谈论完生理上的遗传特质，我们再来看看心理上的。

人们普遍认为，天才的产生是因为遗传的缘故，同样，一些社会上的犯罪者也是。人们普遍会认为龙生龙、凤生凤，那些在社会上享有盛名的、满腹才华的人生出的孩子将来会与他们一样。于是，他们就会说：“一个家里的男孩是什么样，只要看看他的父亲就可以知道。一个家里的女孩是什么样，只要看看她的母亲就可以知道。”诚然，社会上的诸多家庭中，儿子的性情受父亲影响，女儿的性情受母亲影响的确占了很大一部分比例。但行为心理学家并不认为这是遗传因素造成的，因为我们同样见到一些人能够超越他们的父母，不单单是在成就上，还有性情上。造成人们这种普遍观念的原因，是大多数人的生活环境直接受家庭环境影响的，他们接触到的生活圈和人际关系都有限。因为接受刺激的局限性，很多人的性情只能被所处的环境影响，所以他们呈现出的行为反应也往往带着狭隘、固守、偏执的特征。但在一些有益身心健康的集会里，如教会、读书群、音乐群等有着共同信仰或者爱好的团队里，我们也会发现一些之前在家里沉默自闭、脾气暴躁的人，因为精神上的纽带而与其他性情各异的人产生了联系，不再固守以前的生活圈和性情。而受到环境、人际关系影响的他们，也能渐渐成为一个富有涵养和智慧的人。

我们试着举个例子来打破才华、气质等心理特征被遗传的迷信。韦斯利·史密斯是大经济学家约翰·史密斯的儿子，他从小就生活在一个与经济、政治等话题密切相关的环境里，因为父亲的偏爱和教导，他自然也会向着经济学领域迈进——如果你是律师或者医生，那你的儿子也有可能成为律师和医生。我们不妨问一下，名人有很多，为什么只有作为约翰·史密斯儿子的韦斯利·史密斯出名了？难道其他名人、学者的才能都不能够被遗传、继承吗？这其中有多方面的影响因素，但基本可以归类于他们的成长环境。不妨拿约翰·史密斯家做个例子，他有三个儿子先后出生，他们之间并没有生理结构上的差异，但长子因为受到父亲的宠爱，就多得到父亲的教诲和陪伴，走上了经济学家的道路；次子因为多受母亲的关怀和影响，放弃了作为经济学家的梦想，走上了另一条道路；第三个儿子虽然开始也学经济学，但是父亲将心思都投注到了大哥身上，母亲则把大部分的爱投注到了二哥身上，因为缺乏父母的照顾，他和家里的仆人走得很近，最终受到不良因素的诱导，形成了很多不良习惯。后来，他又和父母闹僵，与混混为伴，偷窃、吸毒，最终死于疯狂享乐。正如我们所举例子中孩子的差异一样，现实社会中，在一个多儿或多女的家庭里，你几乎很少看到子女的性情、天赋是一样的。这也印证了行为心理学的观点，即人的天赋、才能的遗传问题实际上是不存在的，每个人都受制于成长过程中所接触到的环境和人际关系。

事实上，习惯的形成从胎儿时期就已经开始了，环境对人的影响在人出生之前就已存在，这是最近由行为心理学家和一些动物心理学家发现的。人在出生时的结构差异，以及出生后习惯差异的形成，都可以用来作为对心理特征的遗传问题的回应。

之前我们举例彼此生理结构并无差异的孩子，在一个家庭里呈现出的差异性，用来说明天赋的继承与遗传无关。现在我们假设这样一种情况，有没有可能出生时先天生理不足的人，也能成为某个领域的能手呢？因为有些人会用这种差异来说明人的天赋是受制于生理结构的。我们假设，在一个家庭里有两个男孩，父亲是享有盛名的钢琴家，母亲是画家。长子的手大，而钢琴这种乐器需要手指长、手型好、有腕力，因此长子得到了父亲的厚爱。小儿子因为手指不修长，手腕也不够有力，所以只能多受母亲的关爱，日后可能成为在画画方面有天赋的人。但我想说的是，如果这对父母只有一个儿子，父亲会对这个孩子倾注怎样程度的耐心和心血？他会对儿子说："你手指不够长，不够灵活，但不要紧。我为你特制一架钢琴，把琴键变窄，方便你的手指够到；再为你改变琴键的形状，好让你按下琴键时不用花很大的力气。"如果情况是这样的，谁敢说这个先天不足的孩子不会成为另一个伟大的钢琴家？所以，孩子可能成为画家，也不过是因为母爱的诱导，而不是天赋使然。

2. 环境和遗传哪个会影响人类?

我们在讨论遗传问题的时候，对环境影响方面的因素往往视而不见。有些人喜欢用社会上存在的"犯罪遗传"的现象来说明问题，人们会说，那些长辈行为不端的人家的孩子，也如他们的祖辈或父辈一样行径卑劣。但是行为心理学要说的是，一个正在健康成长的孩子，如果落入不良的环境里，久而久之，一定会成为败坏的种子。事实上，每年有成千上万的生活在良好家庭里的孩子失足成为不良少年，这也说明了人的罪性被诱发不是因为受到遗传因素的影响，不然，那些父辈、祖辈从没有犯过罪的家庭里又怎么会出现不良少年呢？在讨论这些问题时，我们不避讳提及一些事实，我们的社会里其实很少有人认真对待过犯罪倾向的问题。很多留守儿童、被领养的孩子，并未受到如同亲生孩子那样的待遇，以致他们在成长过程中出现了心理畸变。还有一些人因为祖父辈的犯罪的羞耻，活在被他人戴着有色眼镜看待的环境里，周围人的眼光长期作用在一个心灵饱受孤独的人身上，不可避免地会让这些孩子在成长过程中形成自闭、忧郁、极端、容易冲动的倾向，而这些心理因素在几乎所有的犯罪行为中都是肇始之因。拥有这种心理特征的人，只要在生活中受到一定程度的刺激，他们整个生命的罪恶之火就会被点燃。然而，这种心理特征并非来自遗传，人所犯的罪也并非是遗传的作用。事实上，每个人的生命阶段中都会或长或短地出现以上情况，通常人在与周围的环境冲突很大的时候，就会出现这种心理特征。可以说，爱的缺失致使了归属感的缺失，归属感的缺失使得人对周围的一切人际关系和事物都采取破罐破摔的心态，最终选择逃离正常的生活。

事实是，人们对孩子的教育问题所采取的方法亦如他们对其他问题所采取的方法，他们无力也根本不愿面对现实。我们对优越有着强烈的自豪感，这些自豪感有时候是脱离现实的。我们会对体面的人物、事物产生幻想，比如我们会认为一个绅士的后面一定有个优越的家庭，他的家族有了多少代的优良传统；而面对一个糟糕的孩子，我们可能就会说“瞧瞧他的父亲”“瞧瞧他的爷爷”。我们做出的判断往往是直接、粗暴的，我们会把孩子教育上的一切问题归咎于遗传和家世，以便解脱我们自己在孩子教育方面的失责。

我们花大量的篇幅来说明人的可塑性与遗传的问题，这么做并非出于好奇。事实上，我们在婴儿心理学的研究中花了大量的人力、物力和时间成本，但现在的社会教育仍然被天赋遗传、心理特征遗传的思想观念所禁锢。对这些前提和假设的迷信，若不彻底打破，我们的教育不可能迈向一个全新的高度。

对环境作用的深刻性有了一定的了解后，我愿意做这样的保证：给我一打健康的婴儿，并让他们生活在我所设定的特殊环境里，你们可以随便挑选其中一个孩子，说出你们想让这个孩子成为什么样的人——医生、律师、艺术家、商人，我都可以让你们的想法实现。这其中，我不会考虑作为婴儿所表现出来的才能倾向或者考虑他的祖辈、父辈的种族、职业以及社会地位的问题。但有一点要注意的是，这些孩子的培养环境以及培养方法都必须由我来决定。

在这里，我们必须对选择对象和环境做出一定程度的限制。首先，选择对象必须是健康的，不能存在会影响智力发育的遗传病，像腺体疾病、梅毒、淋病等这些疾病会让孩子很早就在行为、智力上产生障碍，会使大脑与身体的联结缺乏正常的功能，让这些孩子无法接受正常的训练。其次，孩子的生理结构也要求必须是健全的，不能出现残疾、畸形或者器官残缺等问题。虽然这些生理上的问题与他们的智力发育并无关联，但会对心理产生很大的影响，自卑可能会让他们拒绝与一些人平等成长。事实上，在不同肤色的人之间，尤其是在黑人与白人的教育问题上，我们可以发现，在同样的学校或者家庭里教育黑人孩子与白人孩子，黑人的孩子跟不上白人的孩子是普遍现象。

3. 人的本能是否存在?

在上述篇幅中我们已经驳斥了天赋、心理特征以及特殊能力的遗传的可能性，现在我们来讨论一下，世界上究竟是否存在动物本能的习惯。

在开始讨论究竟是否存在本能的问题时，行为心理学家心里早就有了答案，即本能亦如心理特征被遗传一样，是不存在的。

我们早期关于本能的理解，是在达尔文的影响之下产生的。达尔文的生物学理论认为，动物的本能是一种先天的生物力量，它预先决定了动物按照一定的方式活动，它使动物对外界刺激的反应表现为一种可以预见的、相对固定的行为模式。威廉·詹姆斯还精心挑选出了一些他认为具有代表性的本能行为：爬行、模仿、竞赛、好斗、愤怒、同情、搜索、恐惧、占有、渴望、盗窃、建造、游戏、好奇、社交、害羞、惭愧、爱、嫉妒、父爱和母爱，詹姆斯认为这些是人特有的本能行为，其他任何动物都不具备。行为心理学家却不这么认为，也不认为人类有复杂的非习得的行为。然而，因为我们过去接触了太多关于本能的字眼，还有相关的介绍文章，我们已经产生了混乱的概念。在过去的 3 年里，有 100 多篇文章在讨论本能的问题。令人遗憾的是，这些文章的作者对本能的阐述全是建立在理论上和思考上的，他们自己从未认真观察过动物和婴儿早期的生活状态。虽然行为心理学家对于本能的理解也缺乏观察，但是我们可以通过其他方式来向你证明，本能作为一个术语其实在心理学的研究上根本不需要。下面，我们来做一次机械旅行。

4. 一支飞镖的“本能”

现在我手里有根木棍，我将这个木棍朝着我面向的空旷的前方扔出去，木棍飞了一段距离后会落在地上。但我想改变它的运动方式，于是我将它放进热锅里煮，对其加热塑形，使它弯曲到一定的程度。这次我又回到空旷的场地，将其再扔出去，它改变了原来的运动方式，向外飞出去一段距离后又会折返回来，再次掉在地上。为了使它的折返幅度再大点，我让它变得更弯了，成了一个凸形，我将之称为“飞镖”。现在，我又把它扔出去，它的运动方式又改变了，它会向前飞，也会转向，同时还能飞回我的脚边。作为木棍，它的材料性质并未发生改变，但形状改变使得它的运动方式也发生了改变。木棍受到投掷刺激做出回旋运动，但我们不能说木棍有了返回投掷者身边的本能。那为何它会做出这种运动呢？因为我们起初就是为了这个目的来塑造它的，只要制作方法准确到位，投掷方式也对，那么所有的飞镖都会返回投掷者的身边。同样地，换一个更常见的例子，我们多数人都玩过骰子。事实上，熟悉骰子的运动方式的人，只要用某种特定的方式去旋转它，那有 6 点的一面就总会朝上。因为它的结构决定了，只要以一定的方式旋转，必定会呈现出这一面。或者是把一个玩具士兵安放在橡皮泥基座里，那么不管你怎么扔它，玩具士兵都会垂直站立，不是因为它有垂直站立的本能，而是物体的重心几乎全落在了橡皮基座上。

不论是飞镖、骰子还是玩具士兵，只有投向空间，它们才会呈现出自己的运动特征，它们的结构和投掷环境决定了它们的运动方式。人的生理构造的特征是一致的，当他们被放到某种特定的环境中去，他们表现出来的情感、意志、思维，在相当程度上也是有很多共性的。需要注意的是，飞镖虽然用同样的投掷方式、投掷力度都会做出回旋运动，但是没有两个飞镖会有完全相同的运动路线。人也是如此，即便生活在大环境中的我们，受到社会属性、家庭属性、文化属性的刺激与影响，具备了爱、羞怯、表达、竞争、同情等行为方式，也没有两个人做这些行为时，会以完全相同的方式呈现。

当然，如果一个人从小是被野兽带大的，那么，一些说人具有人类特有的本能的学者将会发现，因为从小缺乏家庭、社会、文化环境刺激的缘故，那个人将会丧失很多正常人具备的“本能”。我们称为“本能”的东西，实则是在环境刺激的作用下形成的习得反应。

如同对木棍加热塑形，木头的本质并无变化一样，飞镖并非因为具有本能才会做出回旋运动。同样，在一个人没有受到大文化环境的刺激前，他的行为方式和那些接受过良好教育的人是完全不同的，因为学习使得他在生理结构上产生了变化。可能有些人会提出质疑：“你的论证方式刚好证明了你的错误。你说一个人在接受学习后生理结构产生了变化，那在没有接受这些刺激前，他与他人在结构上并无多少差异，那么他们表现出来的相应行为是什么？”我认为正是我要说的“本能”。对此，我想说，如果条件允许，我们可以一同走进育儿室，在对这些婴幼儿的观察研究中，你们将会发现他们从诞生前的行为特征就呈现出了差异性，这些差异在母胎里就已显露，看到这些，你们就不再会相信詹姆斯的说法了。

5. 抛弃意识的心理学

“意识”原意为精神活动，“意”是自我的意思，“识”就是认知、认识。意识代表个体的独立性，它是主观存在的，代表了人可以认识自己的存在，可以知道发生的事情，可以与不同于自己的存在进行对比。意识的定义非常简单，就是可以认识和知道事物存在的一种事物。意识有时候也可以用精神代替，它是人类大脑的一切活动及结果，即具有自发性的思维。意识是人脑与客观世界的矛盾，其规律即自发性，它可以能动地认识及指导人类的自我自由的实现。意识是随着人类的诞生而诞生，它是人类发现及创新活动的根本，是实践的结果，并随着生命遗传给后代。新生儿继承前辈的实践结果，与生俱来的感知能力是意识形成的基础。任何生物都有感知能力，最重要的感知能力就是吸收营养的能力，比如吃就是与生俱来的一个能力，人在胎儿时期就已经有吸吮的能力。

意识是生物进化得来的，从简单的有机生化进程到复杂的大脑生化过程，此过程随着生命进化最终从自发的自然行为进化为自觉的人类行为。而思想是在意识的基础上产生的，我们的感知能力帮助我们记忆，经过记忆和分析就产生思想。动物也有思想，它们的思想是自发的，无主观能动性，只有人的思想是自觉的、丰富多彩的。意识在人的实践中分为各种形式，包括记忆、思想、情绪、念头、观念等。从表象的直观到一定现象的集合念头，按照一定的逻辑发展为观念，通过思考最终形成思想。

意识到目前为止还是一个残缺的、相对模糊的概念，一般认为意识是人对环境及自我的认识能力以及认识的清晰程度。专家们还不能给予它一个确切的定义，约翰·希尔勒通俗地将意识解释为：“从无梦的睡眠醒来之后，除非再次入睡或进入无意识状态，否则在白天持续进行的，知觉、感觉或觉察的状态。”现阶段，意识概念中最容易进行科学研究的是感觉方面，例如，某人感觉到了什么、某人感觉到了自我。有时候，“感觉”已经成为“意识”的同义词，它们甚至可以相互替代。目前，在意识本质的问题上我们还存有诸多疑问与不解。当前意识本质研究的困境，一方面在于自然主义认识模式无法对大脑结构和社会语境做出完全等效的模拟；另一方面在于缺少相应的哲学命题和范畴。例如，在自我意识方面，对意识这一概念的研究已经成为多个学科的研究对象。意识问题涉及的学科有认知科学、神经科学、心理学、计算机科学、社会学、哲学等，这些领域在不同的角度对意识进行的研究，对于澄清意识问题是非常有帮助的。

意识是人脑对大脑内外表象的觉察。生理学上，意识脑区指可以获得其他各脑区信息的脑区。意识脑区最重要的功能就是辨别信息，详细点说就是，意识脑区可以辨识自己脑区中的表象是来自外部感官的还是来自想象抑或是回忆。此种辨识信息的能力，其他任何脑区都不具备。人在睡眠时，意识脑区的兴奋度降至最低，此时无法辨别脑中信息的真伪，大脑采取了全部信以为真的方式，这种意识脑区失效的情况造就了“梦境”。意识脑区没有自己的记忆，它的存储区域称作“暂存区”，如同计算机的内存一样，只能暂时保存所察觉的信息。意识还是永远运动的，当你试着将脑中的意象停止下来时，你会发现这种尝试根本是不可能的。据专家分析，意识脑区其实没有思维能力，真正的思维都发生在潜意识的诸脑区中，我们所感知到的思维，其实是潜意识将其思维呈现于意识脑区的结果。

意识是思维主体对信息进行处理后的产物，没有思维主体及思维活动就不可能产生意识。思维主体是可对信息进行能动操作（如采集、传递、存储、提取、删除、对比、筛选、判别、排列、分类、变相、转型、整合、表达等作业）的物质，思维主体既有自然进化而形成的动物（比如人类），也（会）有逐渐发展完善的人工智能产品。信息是能被思维主体识别的事物现象及表象，是思维活动的操作对象。思维活动所产生的意识以信息的形式储存、表现和传递输出，意识传播的实质是信息传播。意识往往又会成为思维主体进行下一步思维的基础。

意识的产生需要能量，意识的存在和传播需要介质（物质），总之，意识的存在是依附于物质的。意识所表达的含义，与其物质载体本身的现象往往并不是一回事。撇去载体的因素，意识的内涵并不以占据空间的形式存在，而物质存在是占据空间的，这就是意识与物质的根本区别。

由于思维主体在获取及处理信息时，信息可能会发生种种变异，因此，意识的内容不一定真实地反映了客观事物。意识可能是超越客观事物的反映，也可能是对客观事物的歪曲反映。

一般认为，意识是人脑对客观事物间接的和概括的主观反映。然而，“反映”一词过于被动，无法显示意识主体的地位和主动性，更别说什么创造性了。更准确的说法应该是：意识是人脑对刺激的反应。

当锤子敲击钢板时，钢板会变形。钢板变形而产生的力，一部分通过弹性的方式以反作用力的形式作用于锤子，剩余部分因挠性而使钢板本身产生永久性变形。这就是钢板对锤击的反应：有对外（锤子）的，也有对自身的。

意识也是人脑对刺激的反应，意识的结果一方面通过人体器官作用于外界，另一方面也通过改变人脑本身的结构而形成记忆。

同无机质的钢板相比，人脑的结构要复杂得多。人脑由 140 多亿个脑细胞构成，每个脑神经细胞都有许多神经树突，并通过神经突触与其他脑神经相连。这些神经连接互相交错，形成一个庞大而繁杂的神经网络。人脑的这种结构决定了意识这种反应的对外形式和对内改变的复杂性。

神经细胞的结构与一般动物细胞的结构没什么不同，到目前为止，人们还没有在脑细胞中找到思维和记忆组织。当感官接受刺激时，这些刺激转化为电或化学信号，通过神经纤维传导到大脑，在大脑中沿着相连的神经网络通道进行传导，直到对外界刺激形成有效反应。传导的过程，即意识的过程。

人脑是地球乃至整个宇宙中最复杂的系统。在人脑的进化过程中，对自身最有利、对外界变化最有效的神经连接，通过外界的优胜劣汰，在人类世代遗传中被基因固定了下来。婴儿在出生时，他的脑神经网络就已经完善，与成人几乎没什么不同，特别是与其父母的神经结构有相同之处，这也就是有的人继承了父母某些特殊能力的原因。但同成人比较，除了吮吸反射神经和控制心跳、呼吸等植物神经通道是通畅的以外，婴儿的神经网络连接的粗细基本上是相同的，所以婴儿大脑中的神经信号传导一般是全方位的，也是没有任何效果的。例如，婴儿的眼睛与成人并没有不同，但由于神经网络中有关颜色、形状、运动的相关路径尚未形成，所以单独看东西时很难形成有效意识。经过教育，才能在条件反射中强化相关神经连接，使其大脑生长。

因为冯特的影响力，心理学的基调由曾经的灵魂转而成为意识，并且这种影响力仍然在今天的行为心理学之外的心理学领域持续着。类似这样使用意识作为基调的心理学，发明了一个又一个既无法证明又无法取得公正性的假设，正如之前的灵魂概念一般。在行为心理学家眼中，如果从形而上学的角度去看待，意识、灵魂本质无二。

或许我们每个人都知道“意识”代表着什么。当我们有了某种知觉或思想时，或者我们有想做某件事时，或者当我们打算、希望做某件事时，我们是有意识的。是的，其他内省心理学论者对意识的理解亦如我们对意识做出的种种假设一般，同样不合逻辑。实际上，他们在诸多的文献、论述中并没有准确地告诉我们何为意识，而是在论述的过程中通过假定将一些事物赋予了意识，所以当他们分析意识的时候，发现之前被赋予了意识的事物时就不会觉得这是不自然的。既然意识被发现了，那么，我们该如何对待意识呢？既然意识不是类似一种化合物性质的物质，那唯有通过“内省”的方法才能对其加以分析、捕捉——它是存在于我们内部的。基于这样的假定，我发现在一些典型代表的心理学家所做出的诸多分析中，并没有提供哪怕一条能够真正从实际意义上突破和解决心理问题且能够使研究方法得以标准化的途径。

6. “智力测试”真有那么神奇吗？

智力测试在中世纪以后如雨后春笋般兴起，尤其是在美国，心理学家都成了测试狂。但这些所谓的测试热度往往不过几日就会被下一个测试所取代并修正。这么多年来，一些测试正在逐步标准化、国际化。我们现在通常见到的有：

第一级智力测试；

幼儿园测试；

个人意志发展测试；

智力测试：法语、拉丁语、视唱、算术和分类测试；

智能的自我管理测试；

机械能力测试；

智能的团队测试；

雇佣测试；

职业指导测试；

拼图和阅读测试；

打字和速记测试。

其中，每一套测试题在编制的时候，都动用了几十万的儿童和成人，对此，我们不得不向智力测试的创始人的耐心和勤奋表示钦佩。作为一项测试工具，测试题起初被编制的目的就是为了在大量的个体表现水平差异中，找出一个能将众人能力表现进行分类的测量标准。然而，在测试的发展过程中，一些不切实际的想法已经成型，且广为人们所接受。那是对于一般智力层次和特殊智力层次的划分，还有对于那些从后天习得的能力中区分出所谓“先天”能力的测试。从行为心理学家的角度来看，这些测试仅仅只能对表现水平进行分类，而对于智力层次的划分，还有先天、后天能力的划分，这显得十分荒诞。

7. 行为心理学的字典里没有“记忆”

关于“记忆”，行为心理学家是如何看待的呢？在行为心理学家看来，客观的心理学中是没有记忆的位置的。对此，我们当然还是用事实来回答。还是先从小白鼠实验开始，关于小白鼠学习走迷宫的一份实验记录，现在就摆在我们面前。当一只小白鼠第一次尝试走出迷宫时，也就是学习走迷宫时，为了获得食物，它在迷宫中用了40分钟的时间。在那期间，它犯了几乎所有的错误，它一次又一次地跑进死胡同，又一次一次地折回。它在进行第七次尝试时，仅仅花了4分钟的时间就获取到食物，而且在这一过程中，也只犯了8次错误。我们可以看到，小白鼠犯错的概率已经在降低。它在第二十次的尝试中，获取食物的时间为2分钟，犯了6次错误。我们再看一下它在第三十次的尝试中，为了获取食物所花费的时间。这一次更少，仅仅用了10秒钟，并且在这一过程中没有犯错。在第三十五次尝试中，以及之后的每次尝试，直到第一百五十次，获取食物的时间均为6秒钟，且没有犯错。而它从第三十五次之后，每一次走迷宫时，都宛如一架功能极其良好的机器，并且也没有再提高它的速度。也就是说，自第三十五次起，它的速度达到了极限，这就标志着它的学习已经完成了。

那么，我们的问题是，在相隔一段时间后，它对迷宫还有“记忆”吗？对于这个问题，我们不想妄加揣测，还是用事实来说话。6个月后，我们再次展开实验，这一次，我们在它走迷宫时安排了一些东西。实验开始后，也就是小白鼠在走迷宫时，只用了2分钟的时间就获取到食物，而且犯错的次数也不多，仅有6次。从这个结果不难看出，走迷宫的习惯大部分被保留了下来。虽然一部分习惯消失了，但是，在间隔6个月没有走迷宫的情况下，它重新学习的记录，竟然与之前第二十次尝试的记录一样。

再给大家展示一下关于罗猴学习开启复杂的问题箱的记录。记录显示，第一次打开问题箱，罗猴花费的时间为20分钟。20天之后，让它做了第二十次尝试，这一次它打开箱子所花费的时间为2分钟。自此，我们没有再给它学习的机会，6个月后，才再次对其进行实验。结果显示，虽然它在开启问题箱时动作不够灵敏，但所花费的时间只有4分钟。

我们对动物进行过诸多实验，发现了它们在习惯保留上的特性。那么人类呢？儿童是否也和它们一样？对此，我们做了这样一个实验：一个1岁的孩子爬到他父亲那里，发出咯咯声，而且还抓着父亲的腿。在一个有一群人的房间里，孩子爬到父亲身边。现在我们对他做的是，将他送出去2个月，也就是让他在这期间不和父亲接触，而是与其他人在一起。2个月后，我们让他的父亲出现，这时，他并没有再爬向他的父亲，而是更想靠近在2个月内喂养他的那些人。从这个结果看，孩子对父亲积极反应的习惯丧失了。

一个3岁大的男孩，我们让他学习骑三轮脚踏车和踏板车，直到他能够熟练驾驭它们为止。同样，也是在相隔6个月之后，再对他进行测试。结果，他的熟练程度大打折扣，虽然还能驾驭，但显得十分笨拙，很明显他退步了。

再说一个20岁的青年，让他学习打高尔夫球。在对他的实验中，我们的要求是他在掌握这项活动的过程中，要缓慢提高进球的技术，慢慢进步。此后这两年期间，每周给他两次的练习机会，他在18洞的球场中，所得的分数降到了80分，偶尔还会有降到78分的时候。2年后，我们不再给他学习高尔夫球的机会。然后，在他停止练习高尔夫球之后的第三年，再一次对他进行测试。在第一轮中，他原本可以获得95分，但2个星期之后，他的分数下降了，重新回到了80分。

从我们所提供的这些事实中可以看出，当一项动作习得之后，如果没有继续用，或者相隔一段时间没有练习的话，习惯产生的效率就会有一部分丧失掉。假如有很长一段时间没有再用，那么有些习惯可能就会全部丧失。当然，并不是说所有的个体在特定习惯的总量丧失方面是一样的，不同的个体其实有着不一样的结果。而对于同一个个体来说，在不同类型的习惯中，其丧失率也会不同。

不过，有一点还是很令人感到惊奇的，那就是在相对较长的时间里，虽然一些动作习惯没有被用，但大多数很少丧失，例如游泳、滑冰、跳舞、射击、打高尔夫等。所以，如果一个射击水平很差的人和一个对高尔夫球不精通的人跟你说，他在 5 年前是一个非常出色的运动员，只是因为疏于练习，自己的水平才会下降，你不要相信他说的话，因为他从来都不是优秀的！事实上，个体在没有练习期间所丧失的量是可以被计算出来的。也就是说，我们有一个个体学习的成绩表，可以用这个成绩表和个体重新学习的成绩进行比较，这样就将个体在没有练习期间所丧失的量准确地计算出来。

现在，再让我们回到心理学上的“记忆”问题。一个人作为行为心理学家，他绝对不会说：“詹姆斯在没有训练的几年里，对怎样骑自行车还记得吗？”而是会说：“这几年当中，詹姆斯都没有再接触过自行车，也不知道他现在是怎样骑自行车的？”对于这个问题，行为心理学家会做如下实验：给詹姆斯一辆自行车，并将他骑完六个街区所花费的时间、失败的次数等记录下来，然后在实验结束后对詹姆斯说：“你现在骑自行车的水平，相当于你 5 年前的 75%。”其实，我想说的是，行为心理学家为了获取保持多少和失去多少的数量，他把个体又放回原来的情境中，看看经过一段没有训练的时期，个体的技能到底发生了什么变化？如果詹姆斯的车技没有他第一天的成绩那样好，行为心理学家就会说，他骑自行车的习惯已经丢失了。

还有一点我们需要知道，那就是人类需要依靠其机体的每一种形式。通过实验我们发现，不论人还是动物，在他们身上，简单反射都能被很好地保存下来。

因此，在行为心理学家的理论里，他们把一些被心理学家称为“记忆”的东西，取代为个体在没有练习期间，他的技能保持了多少、失去了多少，并以此来谈论一个特定习惯的保持力。不过，在此关于记忆的论述并没有完成，之后我们还会讨论。

8. 行为心理学家如何解释“意义”？

反对行为心理学家的人认为，行为心理学家对意义没有做出适当的解释。对此，我想发表一下自己的观点。评价理论的依据是这些前提，而行为心理学家的前提不包括对意义的陈述。我认为“意义”没有科学内涵，它是从哲学和内省心理学那里借来的词，所以还是让它回到心理学和哲学家那里去吧。

如果为了维护自己，行为心理学家不得不对某种意义做出解释的话，我就只能再为大家举一个例子，是以“火”为对象的例子。

（1）3 岁时我被火烧伤过，自那以后我很害怕看见火，对它唯恐避之不及。但后来，通过一个无条件作用的过程，我在家人的帮助下，将这一消极反应克服掉了。于是，新的条件作用产生了。

（2）当我在寒冷的野外待了很久后，我回到家里，慢慢地靠近火炉。

（3）我在第一次出去打猎时，自己学着用火煮鱼和烤猎物。

（4）我学会了用火融化铅，我还会将铁条烧红，然后把它制成我需要用的东西。

从小到大，我以100种方式对火形成了条件反射。也就是说，在有火的情况下，我能做100种事情中的任何一种，不过，并不是同时去做几种——在一个时刻我只能做一种。感觉到饿了，于是，我开始生火，用它来熏猪肉和煎鸡蛋。在另一个场合，如野营后，我从小溪中取来水，将火扑灭。又一个场合中，我跑向大街，并大喊："救火！"同时跑向电话，请消防队支援。此外，当我被森林中的火包围时，我立即跳进湖里。天气非常寒冷，我走向火炉，靠近它，以温暖被冻得发抖的身子。另外，我想起了一些关于谋杀的小说和影视剧中的片段，受其影响，我在地上捡起一根正在燃烧的木棒，给整个田野放了一把火。"意义只是一种反应方式，即个体对某个物体进行反应的所有方式中的一种，无论在什么时候，个体对物体进行反应时，只能用这些方式中的一种，如果你愿意承认这一结论的话，那么，对于意义，我觉得就没有什么可以争论的了"。

当我在操作领域选择我的实例时，同样的过程在语言领域中进行。换句话说，对于个体行为的所有形式的起源，我们在理解了之后，知道了他的组织的不同变化，那么，有关引起他的各种组织形式的各种情境，我们就好进行安排和操纵了。因此，所谓的"意义"这个术语，我们也就不再需要了，而它是一种告诉个体正在做什么的方式。不错，行为心理学家没有给他的批评者做出关于"意义"的任何解释，但我们通过那样的例子，可以让你们了解所谓的"意义"是什么。而这个词，其实对于心理学来说是没用的，也是不需要的。

第八章

情绪心理：人类与生俱来的情绪反应

我们与生俱来的情绪有哪些？我们是如何养成新的情绪的？我们又是如何失去原有情绪的？传统心理学认为，人类所有的情绪都来自人的本能，然而行为心理学的观察结果表明，除了少数生理上的反应是源于非习得资质外，人类大多数的情绪都是后天习得的。由于传统心理学的观点与行为心理学家的实验观察结果相违背，如今，我们不得不考虑如何能更好地表述情绪的概念。之前的学术经验也告诉我们，我们的研究课题除非与人的情绪有关，否则就不会获得相较于“本能”而言更多的研究价值。

19世纪初，弗洛伊德派与后弗洛伊德派发表的著述数量几乎超过了其他学派著述的总和，但行为心理学家在这诸多的文献资料中，却找不到任何可以代表其核心的理论。为了弥补这个空缺，行为心理学家在10年前也开始了对于心理学的研究。就在他们的研究瓜熟蒂落时，他们意外地发现，情绪问题本身就是可以简化的，而且可以通过各种客观的实验方法去解释情绪所带来的问题。在当时，信奉詹姆斯情绪理论的学者几乎占了九成，但这丝毫不影响行为心理学家“拨乱反正”的步伐。

1. 詹姆斯误区理论——情绪内省

19世纪末期，詹姆斯在他发表的一篇学术文章中提出了“情绪内省”的理论。他认为，人的真实情绪不可能通过实验观察做出描述，也无法验证其真实性和合理性，只有通过人本身对情绪的主观感受才能得出最正确的结论。他的理论在今天看来似乎太过片面，但在认知水平相对低下的19世纪，他的观点被几乎所有的心理学家所接受，这使得情绪心理学走入了一个误区。在相当一段长的时间内，人们受詹姆斯的影响而放弃了对情绪本源问题的继续钻研，而在詹姆斯理论时代来临之前，情绪的研究早已贯穿人类的历史，早期很多哲学家和生理学家关于情绪都做过大量的实验。真正将情绪带到科学实验领域的是兰格、达尔文和门特加扎，他们虽然没有形成一套完整的情绪理论体系，但最接近正确的道路。达尔文对曾经进行的恐惧情绪实验做过如下描述：

“受到惊吓的人双腿发抖，像个木偶站在那里一动不动，他们屏住呼吸并且蜷缩着，害怕别人注意到他们。他们的心跳逐渐加速并猛烈跳动，每一次的心跳似乎都在消耗着他们的体力和毅力。他们此时已经不能像往常那样进行高效率的工作，甚至无法传送大量的血液到身体的各个部位。他们的皮肤在短时间内变得异常苍白，这种苍白，很可能大部分或全部归因于血液流动中枢受到诸如皮肤小动脉收缩之类生理运动的影响。另外，皮肤在一个人感到巨大恐惧时也会受到明显影响，具体的表现是，汗水很快从皮肤中流出。这种汗水的流出是极为明显的，然后皮肤表面冷却下来，最后成为冷汗。而当汗腺处于活动的正常兴奋状态时，皮肤表面不会冷却，而是持续地发热。

“感受到恐惧的人皮上毛发也高高竖起，表层肌肉不住地颤抖。此时，心脏受到干扰，最直接的表现就是呼吸加快。因为唾液腺的问题而变得口干舌燥，嘴巴经常一张一合。在轻微的恐惧下，有强烈的张口趋势，最显著的症状是身体的每一部分肌肉都在发抖。这首先表现在嘴唇上，在嘴部肌肉颤抖和嘴巴干燥的共同作用下，声音变得沙哑或不同于以往的声调，甚至完全失声。当害怕增强到极度的恐惧时，我们看到，在这些强烈的情绪下会产生各种奇怪现象，例如心跳加速，或者几乎停跳；接下来是眩晕，脸色异常苍白，呼吸沉重且无力，鼻孔张得很大，嘴唇抽搐，脸部肌肉不住地颤抖，喉咙处不停地吞咽；眼睛睁得很大，眼球突出，盯着使其恐惧的目标，或者眼珠不停地转动，瞳孔放大；身体的所有肌肉极有可能变得僵硬或发生颤抖，手无规律地进行握拳和松开动作，还时常伴随着哆嗦；手臂做抵挡动作，像是要挡住眼前令其产生恐惧的东西。哈根诺尔先生曾经在一个感到恐惧的澳大利亚人身上看到了另一种奇怪的举动，那就是一种突然的、无法预知的、轻率的逃跑倾向。这种突发情绪非常强烈，甚至最勇敢的士兵也会对此感到手足无措。”

我们再引用一段兰格关于“悲伤”的著名描述：

“伤心的人行动缓慢，走路开始缺乏平衡性，他们拖着脚步，垂着双手，神情呆滞。咽喉部和呼吸肌群开始受影响，因而他们的声音变得细小如蚊子声，毫无感染力。他们可能一直坐着或站立，沉浸在自己幽暗的小天地里。肌肉的正常张力和潜在的支配神经被明显地削弱了不少，具体表现为颈部弯曲，低着头，腮部和颌部肌肉松弛，这使得他们的脸看上去又黄又长，眼睛看上去很大，这是眼部阔约肌松弛无力的结果。但是眼大无神，因为部分眼珠被垂下的上眼皮盖住，而处在上眼皮的提肌失去张力……当然，整个自主运动器官的松弛无力仅仅是悲伤情绪的一个方面，还有不为人知的另一个方面。这个方面差不多同样重要，也就是非自主的活器官的肌肉，这些肌肉不容易被发现，例如那些在血管的内壁上发现的肌肉，它们的作用是通过收缩来缩短血管的直径。这些肌肉和它们的神经一起组成了血管运动器官，在悲伤中，这些非自主器官与自主运动器官的表现正好相反。血管肌肉等非自主器官并不像自主运动器官那样麻木、松弛，而是比往常更强烈地收缩，导致身体的组织与器官贫血。这种缺血的直接后果是脸色苍白和身体颤抖，苍白的脸色、扭曲的面貌特征与面部的松弛联系在一起，成为悲伤情绪者的独特容貌。而紧接着表现出皮肤缺血的另一个常见结果是感觉寒冷，并且身体发抖。悲伤的固有症状就是肢寒畏冷，难以保持温暖。处于悲伤之中的人们，其内部器官与皮肤一样贫血。这虽然不能直接看到，但是许多表面现象证明了这一点，就是人体各种分泌液的减少，这类现象是可以察觉到的：嘴发干，舌头粘而重，有苦味感等，这些都是舌头干燥的结果。悲伤情绪如果发生在哺乳期妇女身上，还会造成奶水减少或者彻底枯竭。另外，还有一种特例，那就是因悲伤过度而哭泣。哭泣伴随着大量的泪水，红肿的眼睛，还有鼻黏膜分泌物的增加。由此可见，伴随着哭泣的悲伤和单纯的悲伤是有明显不同的。”

因为兰格的理论是在华生的行为心理学产生之前进行研究的，所以我们认为他的理论是真实的。至少，这是一个通过观察和实验得出的结论，并且它对组成“悲伤”情绪的不同反应，做出了准确的、客观的描述，毕竟实践才是检验真理的唯一标准。

再接着，我们引述门特加扎对于人心怀“恨意”表情特征的描述：

“他们的头和脖子向后缩，身体向后退；手不自主地向前伸，像是要去抵挡所憎恨的对象；他们的眼睛眯起或紧闭，上唇抬起，鼻子紧收，做出最基本的回避动作；紧接着，他们会做出具有威胁性的动作，例如皱着眉头，怒目圆睁，龇牙咧嘴，气喘吁吁，咆哮高喊，语无伦次，声音颤抖，吐唾沫；最后的行为会伴随着血管运动产生的症状，例如全身发抖，嘴唇、面部肌肉、肢体和躯干等部分痉挛或者产生咬拳头或指甲等自虐行为，同时伴随着冷笑，脸色一阵红一阵白，鼻孔张大，怒发冲冠。”

读者可以从这些对情绪反应的描述中，对人的表情和生理特征有一个清晰、全面的了解。不过，需要申明的是，我并非想要通过引用这些作者的描述来暗示我与他们的观点一致。我引用它们，仅仅是想说出一个事实，即他们曾客观地观察过表现出上述情绪状态的人群，并对此做出了细致入微的描述，由此可见他们的观察态度。

这些人的实验方法和观察结果是接近真实的、客观的，但是詹姆斯的理论截然相反，他曾经说过：“所有这些描述的结果，使得情绪的描述性文字成为心理学中最为冗长、乏味的部分。它不仅是冗长的，而且令人感到它细分出来的部分在很大程度上是杜撰的，或者是不重要的。它那自命正确的样子实在自欺欺人。”这句话无疑否定了实验，否定了客观的作用，也违背了实践出真知的根本理论。

詹姆斯其实是在寻找一个公式或者一个定论，可以把所有的情绪都套进这个公式或定论中，带有一定的形而上学思想。詹姆斯太过于注重主观的理论，这对情绪心理学往正确的方向研究带来了一定的阻碍作用，但他“自省”的研究方法和创作出的情绪公式也为后世继续研究情绪心理学提供了宝贵的参考资料。

2. 情绪可以用公式来计算吗?

为了证明自己的理论，詹姆斯创造了一个万能的情绪公式，这个情绪公式的核心就是“内省意识”。詹姆斯的理论与达尔文、兰格和门特加扎的理论恰恰相反，他认为：“身体的变化直接伴随着对现存事物的知觉而产生，当它们发生时，人们对这一变化的感受即是情绪。如果我们假设某种强烈的情绪，然后试图从我们对身体的所有感受的意识中提炼出来，我们会发现我们一无所获。没有一种心理原料可以组成情绪，剩下的只是一种冷静的、中性的状态。”也就是说，詹姆斯认为身体的变化是因为知觉的产生，而知觉只有本人能够感受，其他人无法越俎代庖。

根据詹姆斯的观点，实验者研究情绪状态所采取的最理想的方式应该是纹丝不动地站着，直到产生了一种情绪，然后内省意识开始作用、觉察。最后，人的内省意识可能会觉察到以下一组反应：开始有了心跳减慢的感觉，接着是嘴巴干燥的感觉，然后是腿软的感觉，等等。这组“感觉”是恐惧呈现出的情绪反应，因此，詹姆斯认为人不得不从自己的内省中去觉察每时每刻的情绪反应，且没有一种实验的方法可以实现对于被观察者情绪状态的证明。当然，观察结果的验证更会成为无稽之谈。简而言之，对人的情绪反应做出科学、客观的研究是无法实现的。

詹姆斯的理论在当时看似无懈可击，实则有很大的片面性，詹姆斯和他的信奉者们从来没有想过对情绪反应的起源问题进行系统化和科学化的探究。他认为，这些情绪反应纯粹是从祖先那里继承下来的，每个人都一样。但我们现在看来，这个理论可以不攻自破，因为每一个人的情绪反应都是不一样的。例如，有的人看到一只老鼠就会心跳加速、恐惧，而老鼠饲养员或鼠类爱好者即使面对再多的老鼠也不会有任何恐惧或者紧张情绪。再如，我们大多数人在遇到危险时都会有两腿发抖、惊慌失措的表现，而训练有素的特种兵却能沉着应对突发事件，情绪对他们的影响似乎并不明显。这些事例都告诉我们，单纯的自我研究或者套用公式都无法正确解读情绪。所以说，詹姆斯的理论使心理学失去了最科学、最有趣的研究部分。他的论述把情绪研究带上了“歪路”，让其离科学性和系统性越来越远。

3. 两位心理学家的情绪分类

为了研究“内省”所感受到的身体变化，詹姆斯对情绪进行了简单的分类，大体可分为痛苦、恐惧、愤怒和爱。他又在这四种主情绪中，按照道德感、理智感和美感进行了情绪细分，把每一种主情绪分出了几十甚至上百种分情绪，并制作成了情绪表。分情绪的数量过于庞大，这里就不再一一赘述。

英国心理学家麦独孤发现了情绪与本能的关系，于是他做出了一个和詹姆斯截然不同的情绪分类。他认为，人的每一种情绪都很容易触发或伴随着一种本能，例如人在恐惧的时候就会自然而然地触发逃跑的本能；厌恶某个人时就会对其产生排斥的本能；服从某个人时伴随着自卑的本能；得意的时候伴随着自主的本能；温柔的时候伴随着父爱、母爱的本能；愤怒的时候则触发攻击本能。除此之外，还有着一些在个性中难以标志分类的情绪倾向。麦独孤没有对情绪或者本能做出过任何精细的分组，所以，我们就此打住，不再做进一步考虑。此外，我们也没有必要再花时间去探索流行心理学教科书的一系列情绪分类，因为它们的意义微乎其微，大多属于主观臆断，根本无法用客观的实验方法来验证它们。也就是说，在行为心理学诞生之前，所有关于情绪的分类大多都没有经过实践的考证。

4. 情绪研究的引路人——行为心理学家

行为心理学诞生于20世纪初期，它的出现彻底颠覆了詹姆斯的“内省”情绪理论。行为心理学家另辟蹊径，从一个崭新的角度重新研究情绪问题。他们有一个很好的习惯，那就是不完全相信先辈们积累的经验，也不迷信上一代的至理名言。在他们开始自己的研究之前，会把前辈们提出的理论付之一炬，然后另起炉灶。很快，他们就发现了詹姆斯理论的局限性和片面性，他们重新拾起已经被大多数人抛弃的实验方法，继续着达尔文、兰格和门特加扎等学者未走完的情绪研究之路。

行为心理学家通过对成年人的观察得出这样一个结论，即成熟的个性（包括男人和女人）会表现出在一般情绪状态下呈现出的普遍反应，没有违和或者过分的感觉。但也有特例，每个人对周围环境的认知不同，所表现出的情绪反应也不尽相同，有的甚至会偏离人们正常的思维逻辑。下面我们举例说明。

在南部的一些原始人部落，那里的常驻居民一般都会在日落后跪地不起，对着黑夜祈祷，并且全身颤抖，连哭带叫，祈求上帝饶恕他们曾经犯下的罪孽。这些常驻居民有自己的禁忌，他们不会在晚上穿过墓地，也不会去烧曾被闪电劈中的树木。黑夜降临时，这些村落里的大人、孩子会聚集在住宅的外面，因为他们迷信地认为自己会被来自夜空的魔鬼施加痛苦和折磨，所以要在夜晚聚集在外面，预防魔鬼入侵，也就是说，黑夜这种我们习以为常的情境在他们中间却唤起了不安、强烈的情绪反应。

再举一个具体的例子：一个生长在发达城市的3岁幼童害怕的事物有夜晚、兔子、老鼠、狗、鱼、青蛙、昆虫、动物玩具等。我们做了这样一个实验，在这个3岁幼童正在高兴地玩积木游戏时，把一只青蛙或者其他动物放到他眼前。这时，他会停止手头的一切活动，立马躲到墙角或者可以隐蔽的角落，并开始叫喊："拿走它！拿走它！"然后开始哭泣，而其他孩子对青蛙未必会恐惧。这些不同的被试者对同一组事物表现出的不同反应使我们明白了，单纯的"自省"根本不能彻底地研究情绪，要想从根本上解读情绪，就必须要通过科学的实验来论证。

行为心理学家越是深入研究成人的各种情绪反应，就越会发现一些人对周围的事物和环境做出的情绪反应要远比正常人强烈，而驾驭这些事物、环境所需要的情绪反应更为混乱。对某些人而言，这些事物、环境似乎被赋予了影响人的意志的能量，迫使一些对某种事物、环境敏感的人做出各式各样的情绪和生理反应。例如，我们知道一些人有收藏兔子脚的习惯。对正常人来说，兔子脚不过是动物尸体上本该被处理掉的器官，或者也有人会将其当作食料去喂养自己的宠物。但是，这些兔子脚对于某些人来说意义非凡，他们处理兔子脚的方式非常精细，好像在处理一件工艺品——他们把兔子脚晒干后进行打磨、润色，然后放进自己的口袋，时刻关注着并小心呵护它们。每当遇到困难或者危险的时候，他们就会从口袋中拿出兔子脚并对其进行膜拜和祈祷，希望可以依靠兔子脚趋吉避凶。我们由此可以看出，他们对兔子脚做出的反应远远超出了一个正常人该有的情绪反应，这其中隐藏了他们对于神明的崇拜方式，就好像宗教里会出现的仪式一般。

从某种程度上说，文明赋予了客体和情境更多的意义，从而使得一些特定的人们对它们做出超出普通人该有的反应。例如，面包和葡萄酒。面包是我们饥饿时会吃的，葡萄酒是我们宴会、正餐或者平日里会喝的，这两者都是再普通不过的饮食。但是，这些日用的普通饮食出现在教堂里，以圣餐的形式提供给信徒们分享时，就会让他们做出低头、默想、低声祷告等行为。这些行为虽不同于上述人对于兔子脚做出的反应，但是对他们自己而言，都是一种神圣的仪式。

类似的文明在人生活中施加的影响力，处处可见。诸如，有些人在走路时总是回避狗和马，他们忌讳的程度甚至可以让他们变道而行或者掉转自己的前进方向。另外，关于姓名、称呼的忌讳，几乎在任何一个有明文可考的国度都是存在的。我们试想一下，假设我们把这些生活中遇见的客体和情境都搬进一个足够大的领域里，然后从伦理学的角度，制定出一套人们对这些客体和情境该有的生理学反应和行为，并将这些反应和行为作为指导人行为规范的标准，用来考察人们的日常生活的行为，那么我们很快就能发现一些人在生活中表现出的趋异规律。趋异通常会以以下几种方式呈现：过度的反应、迟钝的反应、反应麻木、反应阻滞、反应消极，还有被公众伦理所拒斥的反应。

环境和意识都是影响人类情绪的因素，它们异常复杂，所以，我们并没有关于生理学反应的标准和规范，但是我们可以无限地接近它。正如我们现在对待昼夜、季节和天气的反应，和古时的人们对待它们的反应截然不同，我们不会认为一棵被闪电击中的树是因为受到了诅咒，我们也不会认为在战场上获得了敌人的指甲、毛发等物，就可以用巫术来使敌人溃不成军。科学、地理和旅行令我们对事物产生了新的认识，生产力的解放使我们对事物有了见怪不怪的反应特征。比如，对现在充斥于市场上的各式各样的加工食物，我们不再关心它们是否是干净的，而是会关心它们能不能补充身体所需要的营养和能量。

以上所说的是常态，事实上，我们社会的非常态现象依然盛行在世界各地——当然，它们只是个别现象——如一个女人同时拥有很多丈夫，或者一个男人同时拥有很多妻子；在闹饥荒的时候，可能出现吃人肉、易子而食的现象；或者在一些部落或者落后的民族里，相信将特殊的孩子献祭可以平息神明的愤怒；还有些地方有着将妻子当作物品借给邻舍、来客的风俗。

当然，要达到完全的标准化难度真的太高了，事实上，在很长的一段时间里，我们的社会根本不可能做到。好比英雄崇拜，我们从小就会对父母流露出这样的情结，而后在成长的过程中又会转移到文艺作品里的英雄身上。等到我们迈入社会，我们又会开始对领域里的权威表现出这样的情结，如作家、艺术家、领袖、运动员、明星等。在这些人面前，我们的反应有时就像个婴儿。

5. 复杂情绪的产生来自外界吗？

由于成人的情绪反应过于复杂，我们无法从一个成人身上开始研究。相比之下，婴儿的情绪反应就比较直接，也比较单纯。我们从社会中进行了取样——普通家庭的孩子选取了一些，富人的孩子选取了一些，实验过程中，我们让他们单独面对相同的实验情境——即在游戏室里玩玩具，然后放进一个小动物。

为了得出孩子真实的情绪反应变化，我们需要在日常生活中对他们所处的情境做出适当的改变，例如让一个面生的人用不同的食物对他们进行喂养，或者给他们穿衣、洗澡；还可以通过拿走他们玩具，或者在保护措施完全的情况下将他们置于高处。实际上，现实为我们提供的测试方法远远不止这些。

早期的实验过程令我们确信，在贫困家庭或者富有家庭里取样的孩子，作为被观察的实验对象来说，他们是不理想的。因为成长环境特殊的缘故，他们表现出来的情绪也过于复杂。我们随后又在医院里选取了一些由奶妈喂养的健壮婴儿，还有一些在实验者观察范围内的较为年长的有家庭的孩子。这些孩子中，有的从生下来开始就一直被观察到一周岁，有的孩子则被观察了两年，还有极少数的孩子被观察到了第三年。我们列举两个实验加以论证。

第一，考察孩子在实验室对毛绒动物的反应。

我们事先将孩子在实验室安排好后，再让他们与各种动物接触。我们把孩子放在一个开放的房间里，或由母亲陪伴，或由护士陪伴，或让他们独自一个人，以便区分在不同人陪伴或无人陪伴的条件下，他们对毛茸动物的反应是否一致。而房间也被设置成暗色，墙上涂满了黑色，屋内也没有家具，只提供了一盏灯。这样做的目的，是为孩子们创造一个不同寻常的环境。

起初，我们向孩子展示的是一只活泼的黑猫，它个性温顺，喜欢用叫唤的方式来引起人的注意。它围绕着婴儿打转，用毛茸茸的身体摩擦婴儿，婴儿对此也反应积极，他很乐意去触摸猫那毛茸茸的身子，抓抓鼻子，摸摸眼睛，这种反应也普遍体现在其他孩子身上。

兔子作为另一个实验对象，也展现出了应有的活动特征，它能够普遍引起婴儿的掌控欲。孩子们喜欢用手去抓兔子的耳朵，然后把长长的、毛茸茸的耳朵朝自己嘴里放。

实验过程中，我们也用到了小白鼠，因为白鼠体型过小的缘故，没有引起婴儿的注意。然而，只要动物体型大到足以吸引婴儿眼球的时候，他们的触摸反应才会发生。

事实上，我们还用过其他动物，如艾尔谷梗犬、鸽子、青蛙等。实验证明，婴儿不论是在暗室里，还是在敞亮的房间里，他们与这些动物在一起时，都能在彼此之间建立友善的关系，而不会出现害怕反应。相反，那些在外界生活过一段时间的大孩子中却有相当一部分对兔子、白鼠或者其他毛绒动物产生一定的恐惧心理和逃避行为。1924 年夏天，我还做过这样一个实验。

我把自己的两个孩子带到动物园去玩，大儿子 3 岁，小儿子只有 7 个月大。小儿子只存在习得性情绪，还没有形成条件反射的情绪性恐惧反应，而大儿子已经经历了复杂的条件反射。例如，大儿子曾经在游泳的时候溺水，有了对水的恐惧；还有一次，狗袭击了他，使他一定程度上产生了对狗的条件反射，但这种害怕还没有迁移到其他毛绒动物身上；在动物园划船的时候，水溅进了船里，大儿子表现出了明显的恐惧心理，不时地提醒父亲船里的水太多。而小儿子对此却丝毫不在意。当他们从船上下来面对各种小动物的时候，大儿子表现得非常积极，时不时地拿着水果跑过来喂养小动物，还想去笼子里抚摸黑猩猩。小儿子的表现就有些消极，在动物园的一天内都是安静的，好像没有什么事物能引起他的注意，只有天上的鸟类能让他的眼神停留一小会儿。

从上面的实验中我们可以得出结论，婴儿身上确实存在非习得性反应，但这些非习得性反应都不能作为其建立情绪的起点。没有经过足够条件反射的婴儿是无法自行学习复杂情绪的，也就是说，复杂情绪的习得只能依靠外界的刺激来完成。这一结论从根本上颠覆了詹姆斯的“内省”理论，走出了只研究意识的怪圈，也把情绪行为的起点研究从个体内部转到了外部（外界刺激）。

6. 有趣的非习得性反应

在新生儿中，通过刺激会引出三种不同形式的情绪反应，我们将这些反应称为“惧”“怒”“爱”，只是在进行实验时，要消除其原来的内涵。对于我们所说的这几类反应，我们会将其同呼吸、心跳、抓握等一些非习得的反应一样来对待。下面，我们用实验证明它们的存在。

惧：我们在对婴儿所做的实验中发现，刚出生的婴儿对于巨大的声响会有很明显的反应，比如用一把锤子去用力敲打钢条所发出的响声，便会引发婴儿一系列的反应——惊起、惊跳、呼吸停顿，接下来婴儿会呼吸加速，并同时出现血管运动变化，婴儿会抿起嘴唇、握拳、眼睛突然闭上或睁开。这种现象在那些没有大脑半球的婴儿身上，会体现得更为明显。随着婴儿出生时间的不同，他们所表现出来的反应也各有不同，会分别出现哭叫、摔倒、爬行、走开、逃跑等现象。不过，并不是什么声响都能唤起婴儿的反应，像那些非常低的声音或颤音就做不到。这也不是说高音就一定可以引起婴儿的反应，具有非常高音调的高尔顿口哨，同样无法刺激到婴儿，唤起他们的反应。为了验证我们的观点，我们对刚出生 3 天的婴儿做了实验。当他们处于半睡眠的状态下时，我们在他们的耳边揉搓报纸，或者用嘴唇发出各种高音，来反复唤起他们的反应。通过大量实验我们发现，在唤起婴儿反应的声响中，纯音是很难奏效的。因此可以说，在这项工作中，我们必须对声音刺激的性质还有反应的各个部分进行大量的研究，只有这样，才能将更加完整的刺激，也就是反应的整个过程做一个具体的描述。

另外，婴儿在身体还没有得到补偿支持时（没有准备和预料），也会唤起相同的恐惧反应。我们在生活中其实是可以看到这样一种现象的，比如新生儿睡着时，如果他从床上掉落下来，或者裹着他身子的毯子，被人猛然用力抽拽，并拉着他一起移动时，就会引发婴儿的恐惧反应。在实验中我们发现，对于刚出生几小时的婴儿，如果相同的刺激，比如巨响或者失去支持这种刺激频繁发生的话，其恐惧反应只能被唤起一次。如果想用同样的刺激再次唤起这类新生儿恐惧反应的话，就需要间隔一段时间。

其实，对于成年人和高级灵长类动物来说，当个体失去支持并且在没有调整过来的情况下，也会产生恐惧反应。比如，很多马就害怕过桥。我们人也一样，如果在过河时，桥身只是由一条窄窄的木板搭成，而桥下面的河水深不见底，这时我们就会十分紧张，我们的身体肌肉会被调动起来。通常情况下，当一个孩子第一次下水时，一定会非常恐惧，因为水的浮力会让他失去平衡，尽管水的温度并不低，但他也一样会呼吸加速、哭叫着双手乱抓。

怒：身体运动受阻，会引发怒的反应。日常生活中，成人在看管孩子时，由于会经常不经意地限制儿童的身体运动，导致孩子的情绪变得烦躁、发怒，其表现往往是大哭大叫，或者朝着大人运动的反方向去努力。通过大量的实验观察，我们发现，这种现象在刚刚出生的婴儿身上就已表现出来，而且在 10~15 天的婴儿身上表现得更明显。当我们轻轻捧起婴儿的头，强迫他们分开手臂，或者将他们的双腿紧紧抓住时，就会引发他们怒的反应——整个身体僵硬，屏住呼吸，不停地舞动四肢。虽然他们可能不会马上大哭大叫，但会将嘴巴张到最大，呼吸停顿，直到脸色发青。在保证不伤害婴儿的情况下，只要稍微给他一点压力，直到他的小脸发青时，实验便可以停止。比如，我们将实验中的孩子的手臂用一根细绳拉起来，并在细绳的另一端系上一个重量很轻的铅球，就是不到一盎司（约 28 克）的小铅球。这时，由于手臂运动的持续受阻（即便分量很轻，但对于婴儿来说也会使其运动受到阻碍），婴儿就会做出怒的反应，也就是上面描述的一系列的反应。其实，在日常生活中也不难发现，当人们给婴儿穿衣服时，如果缺乏耐性，对孩子粗手粗脚的，婴儿就会表现出一种怒的反应状态。

爱：我们在研究婴儿爱的情绪反应过程中，虽然遇到了各种困难，但还是在实验中观察到，使得婴儿产生“爱的反应”的刺激，源于对其皮肤的抚摸、挠痒、轻轻地摇晃、轻拍等行为。而且我们还发现，通过刺激婴儿的嘴唇、乳头等性感带器官，更容易唤起“爱的反应”。这种“爱”的反应所包含的内容非常广泛，如“善良的”“和蔼的”“亲密的”等。事实上，对于我们成人来说，两性之间的爱也源于此，那些能够引起最初爱的动作的人，对于婴儿情绪的发展都有一定的激发作用。当一个母亲怀抱着自己幼小的孩子时，总会情不自禁地去抚摸他，在喂奶时或者在促进他进入睡眠状态时，会轻轻拍着孩子躯体的某些部位，而这些动作都会引起儿童的爱的情绪。婴儿的这种反应取决于他所处的状态，当婴儿正哭闹时，他会突然停止，然后露出笑容，并发出笑声。事实上，很多人都有过这样的经历，在婴儿稍大一些时，如果被挠痒，他就会剧烈地扭动身躯，四肢乱舞，而且发出“咯咯”的笑声。

7. 复杂情绪是如何产生的?

通过观察，我们发现了婴儿的一些反应，那么如何才能使这些反应与成年人在情绪生活中所表现出的大量复杂的东西等同起来呢？大家都知道，许多孩子对黑暗会感到惧怕，而在成年人世界中，许多妇女在看到一些动物时也表现出了强烈的惧怕心理，比如她们非常惧怕老鼠、蛇以及一些昆虫。事实上，生活中很多被使用的物体，几乎每天都控制着人们的各种情绪。就拿恐惧来说，它就存在于人们所处的环境之中，如森林、水等。同样，很多物体和情境也会引起爱和怒的反应，而且它们的数量随着个体阅历的增加而增长。最初，引起爱与怒这两种情绪反应的原因也不是看到了一种物体——大家都知道，在后来的生活中，只看到人就会让人产生这两种情绪。有些个体在最初时，很难唤起复杂的情绪，可没过多久，他们就具备了各种各样复杂的情绪，大大增加了情绪生活的危险性和丰富性。那么，复杂情绪到底是如何产生的呢？

对于这个问题，我在20世纪初就开始进行研究了。事实上，在决定做实验前，我和助手们一直犹豫不决，因为这个实验需要反复唤起婴儿的恐惧，并找到消除方法，虽然这项实验是安全的，但也有很小的概率会导致婴儿产生心理阴影。在很长一段时间里，这个实验一直被搁置，但想要深入认识这一问题，找到更加有力的论据，就必须继续研究下去。我似乎没有退路，最终，我找到了一个11个月大的婴儿。婴儿重21磅（约9.5千克），名字叫阿尔伯特，他的父亲是哈瑞特·莱恩医院的一名护理。阿尔伯特出生在这家医院，并一直住在医院里，是一个非常讨人喜欢的小家伙。在与我们相处的几个月中，从没见他哭过一次，直到实验结束。

在进行实验之前，我们需要明确实验的目的。我们已经知道，巨大的声响可以轻而易举并迅速唤起恐惧反应，所以我们决定使用这一刺激对小阿尔伯特进行实验。之前，我曾试图告诉大家，条件反射的建立，也就是一个条件反射的反应的建立，一定有一个可以唤起这种反应的基础刺激。针对此问题，我们下一步要做的事情就是为这种反应提供一些其他的刺激，以将其唤起。比如在蜂鸣器响起时，我们想要使手臂和手猛然间震动，想要达到这一目的，就必须在蜂鸣器响起时，用一种手段刺激手臂和手，让其发生震动。当然，所采用的手段可以是各种方式，可以电击，也可以用其他方式。这样，在很短的时间内，你就会知道，只要蜂鸣器一响，手臂便开始震动，就仿佛真的遭到了电击一样。现在我们就用这样的方法对阿尔伯特进行实验。

我们先对阿尔伯特做了如下实验——在这之前，我们经过反复实验，结果表明，只有巨大的响声和失去支持，才能使这个孩子引起恐惧反应。在实验中我们还发现，对于周围12英寸（约30.5厘米）以内的所有东西他都想触及和操作。对于巨大声响的反应特征，他和其他大多数孩子没什么差别。我们用木匠的斧头敲打一根直径为1英寸（约2.5厘米）、长3

英尺（约 91 厘米）的钢条，对于钢条发出的声响，阿尔伯特所产生的反应最为明显。我们对阿尔伯特做这个实验的目的是：建立他对小白鼠的恐惧反应的条件反射。

对于这个实验，我们做了详细记录，实验记录表明了建立条件反射的情绪反应的进展情况。

在阿尔伯特 11 个月零 3 天时的实验。

把阿尔伯特玩了 3 天的小白鼠从笼子里放出来，并放到他的面前。对于这个突然放在自己面前的小东西，阿尔伯特很自然地伸出左手要去抚摸，就在他的手刚要触摸到小白鼠时，我们在他的脑后敲响了那根钢条，钢条发出的响声让阿尔伯特猛烈地跳起，并向前摔了下去，他的头埋进了垫子里，不过这时候他并没有哭。

片刻之后，他伸出右手去触摸小白鼠。就在他刚刚触碰到小白鼠时，我们又将那根钢条在他的脑后敲响，这一次和上一次一样，他猛烈地跳起，然后向前摔倒，只是，这一次他开始哭泣。这次实验之后，小阿尔伯特的情绪变得非常不稳定，为了防止发生意外，我们没有对他继续做进一步的实验，所以，再一次的实验是在相隔一个星期之后。

阿尔伯特 11 个月零 10 天时的实验。

第一，在没有任何响声的情况下，我们让小白鼠突然出现在阿尔伯特面前。他看到小白鼠后，并没有想触摸它的意思，只是一动不动地盯着它。然后，我们把小白鼠放到了离他更近一点的地方。这时，阿尔伯特试着伸出右手去触摸它。可是，当小白鼠的鼻子碰到他的左手时，他马上缩回了这只手。接着，他用他左手的食指去触摸小白鼠的头，可是，在他的手指碰到之前，他一下子又将手抽了回来。阿尔伯特的这一行为表明，我们在上周对他所做的那两个联合的刺激还在起作用。接下来，我们又对他做了一个小测试，这次是用他玩的积木进行测试的。在测试的过程中，我们认真观察，看他对积木是否具有同样的条件反射。结果是这样的：阿尔伯特立刻把积木捡了起来，然后扔掉或者敲打它们等。因此，在以后的实验中，我们时常用积木对阿尔伯特进行安慰，并且用积木来测试他的情绪状态。在小白鼠产生的条件反射过程中，积木很容易被移除在视线之外。

第二，利用组合刺激。也就是在小白鼠出现后，实验员敲响钢条，使它发出声响，这时孩子惊起，然后马上倒向右侧，没哭。

第三，还是利用组合刺激。孩子向右倒下，用手撑着自己的小身躯，把头转过来，不看小白鼠，也没有哭。

第四，又对他进行组合刺激，孩子还是同样的反应。

第五，没有敲响钢条，只让小白鼠突然出现在孩子面前。这时孩子的反应是：皱起眉并哭泣，而且伴随着身体猛然向左退缩的行为。

第六，再对孩子进行组合刺激。这一次，在组合刺激下，阿尔伯特突然向右边倒下，并开始哭泣。

第七，在再一次的组合刺激下，孩子猛烈惊起并开始哭泣，不过他没有摔倒。

第八，只要小白鼠单独出现，阿尔伯特在看到它的一刹那就会哭泣，而且马上将身体转向左边，扑倒在地，并以极快的速度在地板上向前爬行。

对阿尔伯特做的实验验证了个体情绪的复杂性，也告诉我们，复杂情绪是由非习得性情绪衍生出来的，同时更进一步说明了人们的情绪并非来自遗传，而主要是因为外界的刺激。

8. 情绪的转移——移情

事实上，在利用小白鼠做实验之前，我们已经给阿尔伯特预备了很多带毛发的物体，让他与之玩耍，它们分别是兔子、海鸥、毛坯套筒、护理员的头发和假面具。也就是说，在做小白鼠实验之前，阿尔伯特已经与它们玩了好几个星期。那么，我们想知道的就是，在经过对小白鼠形成的条件反射后，阿尔伯特再次见到它们时，会是一种怎样的反应？也就是说，检验一下他对小白鼠形成的条件反射，在他重新面对这些物品和动物时，受到的影响是怎样的？为了达到这一目的，我们并没有急着去对他进行实验，也就是在接下去的5天中，我们没有让他看到上述东西中的任何一种。第六天过后，我们也没有先给他看到那些东西，我们所用的检验方法是，先用小白鼠来测试他，看他条件反射后的恐惧反应是否还会发生。对此，我们做了如下记录。

在阿尔伯特11个月零15天时所做的实验。

第一，用积木来对他进行测试。当他看到积木时，很快将它们拿了起来，就像平时那样玩。这个测试表明，房间、桌子、积木等物无法对他产生情绪转移。

第二，当我们拿走积木，把小白鼠放在他面前时，情况就变了。见到小白鼠后，他立刻哭泣起来，并将自己的右手收回，转过头和躯体，不去看小白鼠。

第三，再给他拿来积木。他马上把它拿起来开始玩，脸上有了笑容，并在玩的过程中笑出声来。

第四，再次用小白鼠来做实验。当他看到小白鼠时，躯体马上向左倾斜，能感受到他在极力逃避小白鼠。在这个过程中，他倒在了地上，但他马上转过身去，朝着离小白鼠更远的地方爬去——他在努力躲开小白鼠。

第五，我们再次将积木放在他面前，他很快将积木拿起来，并像以前一样微笑或大笑。

此次实验的结果表明，在这 5 天当中，条件反射一直在维持着。接下来，我们为大家依次呈现的是兔子、狗、海豹皮毛、棉花、人的头发和假面具在实验中对婴儿的情绪影响。

第六，实验开始时，只用兔子。我们突然将一只兔子放在了阿尔伯特面前的垫子上，当他看到这只兔子时，出现了明显的消极反应。他尽可能使自己倒向离眼前这只毛茸茸的东西更远的方向，并开始哭泣，最后大哭起来。我们让兔子离他更近一些，并使其碰到他。这时，他将自己的脸埋进垫子里，并哭号，而且试图逃离那里，用力爬行，边爬边哭。应该说，这是一个最具说服力的测验。

第七，过了一段时间后，我们再将积木拿给他，他开始玩积木，就像过去那样。我们观察到，这次在玩积木时，阿尔伯特的精力比之前看上去更加旺盛，他将积木举得高高的，然后再用很大的力气摔打它。

第八，我们再用狗来做实验。阿尔伯特对狗的反应，相较于兔子而言，强烈程度要差一些。当狗出现在他面前时，他仅仅盯着它，并使自己的身体蜷缩起来。当狗向他靠近时，他挣扎着想要四肢着地。不过，这时他并没有哭。在狗离开了他的视野后，也就是当他看不到那只狗的时候，他变得安静下来。但是，之后，我们让狗再接近他的身体时，他的身子立刻挺直起来，并朝着狗所在的位置的反方向滚出，而且转过头去，并开始哭。

第九，我们把狗牵走，再将积木拿给他，他立刻又玩起了积木。

第十，海豹皮毛的测试。当我们将海豹皮毛摆在阿尔伯特面前时，他马上向左边躲去，而且变得烦躁起来。当我们将皮毛放在离他左边更靠近一点时，他马上将身子转了方向，然后开始哭起来，并想要爬离那里。

第十一，接下来是做棉花的实验。棉花被我们放在了一个纸袋里，只是这个纸袋并没有将最上面的棉花盖住。开始时，我们将装有棉花的纸袋放在了阿尔伯特的脚边，最初他只是用脚把它踢开，但并没有用手去触摸它。可是之后，当他的手放在棉花上时，马上就缩了回来，但他的反应并没有像在他见到其他动物或皮毛时所引起的反应那样强烈。而且，过了一会儿，他开始玩纸袋，但他尽量不去碰触棉花。可以说，不到一个小时，他对棉花的消极反应就已经消失了。

第十二，我们的一位实验员在实验进行过程中，把头低下来，想看看阿尔伯特会不会玩弄他的头发。显然，阿尔伯特并没有那样做，而是尽量远离工作人员的头发。另两位实验员也像第一位实验员那样去做，结果，阿尔伯特马上开始玩弄起他们的头发。可是，当我们的实验员将一个圣诞面具呈现在阿尔伯特面前时，消极反应再次出现在他身上，而且很明显，尽管他们的头发他早已玩过了。

从上述的实验记录中可以看出，实验为我们提供了一个关于泛化或迁移的证明，而且这个证明是令人信服的。

在这些迁移中，我们进一步证明条件情绪反应与其他一些条件性反应完全相同。对此，我认为，在条件情绪反应的泛化或迁移的例子中，是相同的因素在起着作用。

我们可以在情绪领域建立起一种鲜明的分化反应，就像其他任何领域一样。如果我们能够持续地对这个实验进行下去就可以发现，在小白鼠出现的任何时候，都可以引起阿尔伯特的恐惧反应，而在其他任何动物出现的时候，都不会引起任何反应。这种情绪分化在现实生活中发生的可能性还是很大的。例如，在婴幼儿时期，我们大多数人处在未分化的情绪状态之中，对于刺激的条件反射混乱而强烈，这在很多成年人尤其是女人身上体现得非常明显。很多女人的一个共同特点就是文化层次低，始终停留在迷信的状态。而接受过教育的人，由于在对物体的操纵方面，对动物的接触方面以及对电器的使用方面，都受到了长期的训练，因而，他们已经到达了更高一层的阶段——次级的或者是分化的条件性情绪反应的阶段。

如果我们关于这个问题所做的推理没有错的话，那么就一定会有一个正确、恰当的方法，来对迁移的情绪反应给予解释，这也包括对弗洛伊德的所谓“移情”的解释。我们深信，当条件性情绪反应在建立之初，一个广泛的、相互之间十分相像的刺激（所有的毛发物体）将首先引发一个反应，而且，正如我们所了解的，这个实验一直坚持做下去，直到实验步骤把未分化的条件反应提高到分化阶段。当然，其前提是只有原来的你在其上建立起条件反射的物体或情境，在分化的过程中，才能引发反应。

9. 情绪产生的基础——内心和腺体

对于通常被称为“情绪反应”的复杂形式的遗传，我们要清楚，很少有证据能说明它，这一点与被称为“本能”的遗传是相同的。

而对于情绪反应的这个研究结果，我们若是想要更加贴切地给予它描述，可能也只有依赖于婴儿对刺激的整体反应。我们通过对此所做的一切研究发现，某些种类的刺激，即响声和失去支持，会让婴儿产生某种类型的反应，也就是我们在实验中看到的那样，当婴儿听到响声，或者失去支持后，就会出现惊起、短暂的呼吸停顿、哭泣、明显的内脏反应等。第二类刺激，也就是当婴儿运动受阻，即被抓握或行动被阻止时，婴儿会变得烦躁、哭泣、长时间屏住呼吸，会出现循环系统的明显变化，以及其他一些内脏变化。第三类刺激，是对婴儿进行抚摸，尤其是当我们抚摸他的性感区时，婴儿会产生如下反应：哭泣停止、微笑、笑出声音来、呼吸变化、男孩性器官勃起，还有就是其他的一些内心变化。在这里，值得我们注意的是，对于这些刺激的反应，它们之间并不是相互排斥的，而且在很多地方，它们的反应是相同的。

可以这样说，我们建立被我们称为“情绪”的那些复杂的条件反射的习惯类型的起点，正是基于这些无条件反射的刺激，以及与此相应的简单的无条件反射的反应。也就是说，个体无条件反射通过条件反射和迁移，使刺激范围大大增加，使得它们产生了其他变化。就像婴儿听到巨响会恐惧一样，当某一事物伴随着巨响出现的时候，婴儿的恐惧对象就从巨响迁移到了这个事物上，转而对单一的事物产生恐惧。这个恐惧的产生是条件反射的结果，区别于先前的无条件反射。

还有一组增加我们情绪的复杂因素，我们也应该给予重视。例如，一个人面对同样的事物，在一种情境中，这个事物是产生恐惧反应的替代刺激。然而，在另一种情境中，它有可能会变成产生爱的反应的替代刺激，甚至是变成产生怒的反应的替代刺激。应该说，这些因素使得情绪变得更加复杂，虽然我很想为大家介绍我对人类的更为复杂的反应类型所提出的一种思想，也就是说，我认为，尽管在所有的情绪反应中，有很多外显的因素存在，比如手臂、腿、躯干、眼睛的运动，但不得不承认，其中占支配地位的还是内心和腺体因素。正如人们在恐惧时会出冷汗，在冷漠和痛苦中会出现剧烈心跳的身体反应以及青春期的孩子出现“悸动的心”和“青春洋溢”，其实，这些表现并不仅仅是文学作品中的描述，它们是确实存在的，是我们在生活中所能看到的真实表现，也就是说是我们通过客观观察得出的结果。

对于这一理论，在此我不做太多的赘述，我会在之后对其进行完善。我想要说的就是，社会对于我们这些含蓄的内脏和腺体反应，从未真正掌握它，不然的话，它早就教育和约束它们了。众所周知，社会是很喜欢规定人所有的反应。我们很大一部分人的外显反应，例如我们的四肢和躯干运动，我们的语言，都是受到训练，并使之成为习惯的。但是作为内脏的行为，由于它们内隐的性质，社会对其无法掌握，也无法为它的整合来制定规则和规范。所以，最后就必然导致这样一个结果，那就是我们在对这些反应进行描述时，找不到合适的名称和词语。它们依然是非词语化的。对于两个拳击手或两个击剑手的每一个动作，我们完全可以找到合适的词语对其进行描述，并且对于每个人的反应也能够给予非常细致的评论。因为我们对这些过程有着惯用的词汇，而这些词汇完全可以用来对这些技术动作进行描述。不过，这里有一个明确的规则：如果出现一个足以令人情绪激动的物体时，内心和腺体的分别运动一定会发生。

由于我们一直没有给这些反应命名，所以，一些发生在我们身上的事情，让我们无从讨论。对于它们，我们至今不知道应该怎样来讨论，因为没有任何词汇能代表它们。在我们人类的行为中，存在着非词语化的东西，这一理论使我们对弗洛伊德主义者所谓的“潜意识情结”“压抑的愿望”等许多东西，有了一个自然科学的解释方法。也可以这样说，对情绪行为的研究，我们可以使其回到自然科学的道路上，我们的情绪像我们的其他一系列习性一样成长和发展。如果这样的话，我们曾经养成的情绪习惯会不会被抛弃？我们知道，我们的手势习惯和语言习惯往往会随着年龄的增长而有被抛弃和戒除的可能，那么我们的情绪习惯会不会也一样面临那样的结果？关于这些问题，就在前不久，我们还没有任何事实依据来说明。但现在，我们可以对其中一些问题进行回答了。不过，在这里我先不作答，我会在以后向大家介绍它们。

第九章

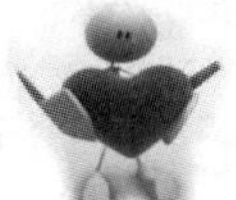

情绪反应：条件反射中的实验与观察

我们之前所讲的实验完成于1920年，而在这之后的两年多时间，直到1923年的秋天，我们都没有再对阿尔伯特做更进一步的实验。对于情绪反应，我们做了进一步思索，觉得既然它能在准备好的条件下建立，那么是否也可以被破坏？如果可以，又需要用什么方法去进行？由于阿尔伯特在我们测试后不久，被城外的一户人家收养，所以我们也没有再对其做更进一步的测试。而且，我在约翰斯·霍普金斯大学的工作也在这时中断了。因此，这些因素导致了我们的实验不得不暂告一段落。

1923年秋天，我们得到了一笔可以继续进行儿童情绪的研究资金，这是当时劳拉·斯普尔曼·洛克菲勒纪念馆给教育学院的教育研究所的一笔奖金，而其中有一部分就是用于这项研究的。有了这笔资金，我们又开始筹划这项研究，并找到了研究的地方——赫克歇尔儿童基金会，那里年龄在3个月到7岁的儿童大约有70名。不过，就实验而言，那里并不是一个理想的地方。因为基金会对我们做了很多限制，不允许我们完全控制这些孩子，而且那里还有一些无法避免的传染病，使得我们的研究不得不停下来。虽然我们在这期间遇到了诸多困难，但还是做了大量工作，并记下了这些实验的结果。

1. 如何重建条件反射或无条件反射？

通过大量实验我们发现，截至目前，重建条件反射或无条件反射对于消除恐惧反应，都是最有成效的方法。应该承认，对于“重建条件反射”这个词语来说，在运用它来解释这种现象时，结果并不是很令人满意的。它除了被自然科学爱好者们在不同形势下使用外，“无条件反射”似乎只是另一种可用的词语。

对于运用无条件反射的方法来消除恐惧反应，我们也做过尝试，下面我要为大家介绍一个案例，在这个案例中，我们就运用了这一方法。之所以跟大家分享这个案例，主要是因为它说明了人们在这一研究中可能碰到的不同困难，以及这一方法的使用情况。

被实验者叫彼得，3 岁。彼得是一个精力充沛、活泼好动的孩子，对于日常环境有着很好的适应力，只是他非常害怕小白鼠、兔子、毛皮大衣、青蛙、羊毛、棉花、鱼以及机械玩具。从以上恐惧状态的描述中，我们可能会想到之前说过的小阿尔伯特，大家应该还记得，对于上面提到的动物和物体，阿尔伯特也表现出了恐惧反应。不过在这里，我们需要清楚的是，彼得和阿尔伯特的恐惧反应，并不是在相同或类似的环境下产生的。彼得的恐惧“滋生于家中”，而阿尔伯特的恐惧产生于实验室。而且，彼得的恐惧更为明显，我们不妨看一下。

我们的实验员将彼得带进游戏房，然后将他放到一张有玩具的小床上，没多久，彼得就全神贯注地玩起了玩具。忽然，床的旁边出现了一只小白鼠（实验员躲在屏幕后面）。彼得在看到小白鼠的一刹那，立刻尖叫起来，仰躺在床上，表现出恐惧之态。刺激消失后，实验员将彼得抱起来，并把他放在椅子上让他坐好。芭芭拉也在游戏房中，她虽然是个小女孩，但对小白鼠一点都不害怕，她还把小白鼠抓在手中。彼得安静地坐在那里，看着芭芭拉和小白鼠。这时，实验员把彼得的一个珠串放到了床上。小白鼠看到珠串后，就用它的爪子去触碰那个珠串上的绳子。每当它这样做的时候，彼得都会用抱怨的口气叫道："我的珠子。"芭芭拉也会去摸那个珠串，但对于芭芭拉的触摸，彼得没有表现出不情愿的样子。实验员让彼得从椅子上下来，他没有答应，他的恐惧还在。25分钟之后，他的情绪才好一些，准备去玩。

第二天，实验员记录下彼得对下述环境和物体的反应。

（1）当实验员把他带进游戏房后，彼得没有任何抗议地拿起玩具，爬上小床。

（2）实验员把一个白球扔进房间，彼得看到滚进来的白球后，把它捡起来拿在手上。

（3）实验员趁彼得不注意，将毛皮小地毯挂在床边，彼得看到地毯后开始哭叫，直到地毯被拿走。

（4）实验员又悄悄地将毛皮大衣挂在床边，彼得看到后又哭闹起来。当实验员把它拿走后，彼得才停止哭泣。

（5）实验员又拿来了棉花，彼得看到后哭闹起来，并一直向后退。

（6）看到有羽毛的帽子后，彼得大哭起来。

（7）实验员把一只白色粗布玩具熊拿到他面前，彼得既没有表现出积极反应，也没有表现出消极反应。

（8）实验员拿来一个木制的玩具娃娃，彼得看到后也没有表现出积极或消极反应。

对彼得的这些恐惧进行消除训练，是在我们之前讨论社会因素时才开始的，而且有了很大程度上的提高。正当我们打算继续对他进行消除训练时，彼得患了猩红热，住进了医院，而且一住就是差不多2个月。所以，在这段时间，我们对他的训练不得不暂停。出院那天，护士陪着他刚刚进入一辆出租车时，车后面跟着一条大狗，他和护士都很害怕。由于大病初愈，彼得坐在出租车里，显得毫无精气神。

彼得出院休息了几天之后，再次被带进实验室，与动物一起进行实验。对于那些动物，他表现得十分恐惧，可以说他用了很夸张的方式，将他对动物的恐惧表现出来。后来，我们决定采用直接的无条件反射这种方式对他进行训练。我们的方法是这样的：不控制彼得的用餐，不过在午餐时，肯定会让他有饼干和牛奶吃。我们把他安排在一间约40平方米的房间里吃午餐，让他坐在小餐桌的高椅子上。训练的第一天，他正在吃午餐时，我们的实验员把一只装有兔子的网状笼子拿进房间，放在离彼得足够远的地方，不至于打扰他吃午餐。效果很明显，彼得没有被这只兔子干扰到，照样吃午餐。第二天，我们把兔子放到离他较近的地方，即刚好能够打扰到他为止——应该说，那样的位置已经很明显了。第三天以及之后的几天，我们继续之前的程序，直到兔子可以放在桌子上，甚至后来将兔子放到了彼得的膝盖上。接着彼得对兔子从容忍变成了积极的反应，他不仅不再像不久以前那样害怕兔子，而且还能够在用餐时，一手吃饭，一手逗弄兔子。从这一现象可以证明，他的内脏和他的手已经重新得到了训练。

可以说，之前彼得对兔子的恐惧反应十分强烈和夸张，我们在消除了他对兔子的恐惧反应后，便想看看他在面对其他毛绒动物和物体时，会有怎样的反应。结果是，在见到棉花、毛皮大衣和羽毛时，他已经没有了丝毫的恐惧反应。他用手去摸它们，然后转向别的东西，甚至将地上一块毛茸茸的地毯捡起来，送到实验员的跟前让他看。

在对待小白鼠上，虽然还没有唤起他的积极反应，但也有了明显的进步，至少已经达到了容忍的程度。他会将装有小白鼠、青蛙的锡制箱子拎起来，拿着它在房间里走来走去。在这个实验之后，我们又把他放在了一个有新的动物的情境中接受测验。实验员拿来一只彼得从来没见过的老鼠，和一些纠缠在一起的蚯蚓给他。最初，他在看到这两种东西时，表现得有点消极，可是一会儿工夫，他就对蚯蚓有了积极反应，不再因为老鼠的存在而受到影响。

彼得的恐惧反应是“家里滋生的”，这里我们所做的研究也是针对这样的对象。对于孩子们最初产生条件反射的情境，可以说我们一无所知。如果对于这些信息我们是了解的，知道使他形成最初的恐惧性条件反射的东西，那么所有这些“迁移的”反应将会马上消失。

除此之外，除非我们有更多的经验，建立最初的恐惧反应，并能注意迁移，然后对其反应进行无条件反射，否则，在这个领域是无法展开研究的。我们认为，在初级的条件反应（一级条件反射）、次级的条件反应（二级条件反射）以及不同的迁移反应之间，很有可能存在着一定的差异。倘若果然如我们猜测的那样，我们便可以得出这样的结论：通过类似于彼得这样的儿童所呈现出的广泛而不同的情况，我们指定的任何一个儿童，都可以被条件化。

不论怎样，我们对于恐惧反应的实验，都已经证明了我们可以借助一种方法，将恐惧反应消除掉。如果的确如我们期望和已经看到的这样，可以通过一种方法消除恐惧反应，那么我想，对于与愤怒、爱相连的情感组织的其他方式，我们是不是也可以用它来控制呢？对此，我确信是可以做到的。

我不得不承认，我们的这个实验还存在很多瑕疵。由于种种原因，我们并没有拿出更加完善的实验报告，确实不能令人很满意，而且无条件反射研究也缺乏进一步的证据。所以，想要得到更好的结果，还需要在各方面条件的允许下，做更加细致的研究。

2. 是什么引起孩子们发笑?

琼斯夫人将引起孩子们微笑和大笑的情境都记录了下来，而且是以同一方式记录的。她将引起发笑的一般原因，按照以下顺序排列了出来。

（1）被逗乐。如挠痒、游戏式穿衣，使孩子被逗笑。

（2）奔跑、追逐，和别的孩子在一起玩耍。

（3）玩玩具。特别是只有一个皮球时，会引发孩子发笑。

（4）和其他孩子打闹时，会发笑。

（5）看着别的孩子玩耍时，会发笑。

（6）做一些尝试，并且获得了成效。如在玩玩具时，使一些装置转动了起来。

（7）当孩子能使钢琴发出叮当的响声；能将口琴吹出声响；唱歌；敲打器物，等等，会发笑。

能够引起发笑的情境，我罗列了一下，共有 85 种。在这些情境中，最为常见的是与其他孩子嬉闹、挠痒、游戏式穿衣、逗乐及轻柔地洗澡。

对此，我还想说的是，如果人们现在想要在这里讨论，这些发笑反应是在什么程度上形成条件反应或是无条件反应的，那几乎不可能。为什么这么说呢？因为存在这样一种事实：根据孩子内部的机体状态，以及控制情境的方式，同样的刺激可能会引发不同的反应。也就是说，有时候会引起孩子笑，但有时也能引起啼哭。比如，一般情况下，孩子在浴室洗脸或洗澡时，我们可能听到的更多的是他们的啼哭，但也会引得他们发笑。也有这样的时候，当孩子的情绪不积极时，拿一支口琴过来，房间里沉闷的气氛会立刻有所改变。或按照通常程序给孩子穿衣时，大人对孩子形成的拖、拉、扭、拽，很容易引起孩子啼哭。不过，大家应该注意，还有这样一个事实存在，那就是当孩子正在做他必须做的事情时，大人们总是会不遗余力地逗他开心，致使很多孩子就那样被大人给宠坏了，而这也往往会让他们经历一些痛苦。我曾经见过这样一个孩子，他就是被大人以那样的方式宠坏的孩子。刚来的一个保姆，被安排为孩子洗澡、穿衣、喂饭，或者把孩子放到床上，当她为孩子做这些事情时，孩子想让她哄逗自己，可是保姆没有那样做，结果，这个孩子就开始哭了起来。

我得承认，我们的实验结果确实仍不够完整，但我认为，我们已经足够深入地说明了这样一个问题：家庭中引起孩子啼哭的大量情境是可以被轻易取代的，可以使它们反过来引发孩子笑，而且可以让孩子笑出声音。从人体新陈代谢的一般状况来说，有节制的取代没有什么不适合。另外，通过连续观察发现，如果我们对儿童环境中存在的难以解决的问题有充分了解的话，我们就可以为孩子重建环境，从而使那种不利于儿童的结构发展得以被阻止。

3. 一定要培养消极反应

当今流行的教育方法告诉人们，不应该把消极反应强加到儿童身上。对于这种观点，我是持反对态度的，我认为恰恰相反，我们应该把某些消极反应科学地植入，这样才能对人体形成更好的保护。否则，想要找到更好的出路很难。但是，在这里需要说明的是，在条件性恐惧反应和消极反应之间要划清界限。根据原始的，即无条件的恐惧刺激而形成的消极条件反应，因其涉及内脏的大量变化，对正常代谢具有破坏性是非常有可能的。条件性的愤怒反应，从其性质上来说，不一定是消极的，比如在打斗和攻击时，它就属于消极的。但是尽管如此，我们依然感受到了它所具有的破坏作用。从一些非常简单的事实来看，恐惧和愤怒行为会引起食物在胃里的滞留，并在那里进行发酵，使得细菌趁机大量繁殖，释放出对机体有害的物质，也就是说，恐惧和愤怒反应对于机体的消化和吸收是有干扰作用的。对此，坎农已经明确表示过了。因此我们认为，恐惧和愤怒对人的身体是有害的。当然，如果一个种族在失去支持和面对非议时，不做出消极反应，或者当他们的活动受阻时不进行反抗的话，我们可以断定，这个种族未必能继续生存下去。而爱的行为恰恰与以上两种反应不同，我们根据观察得到的结果是，它对于人体的新陈代谢是有一定促进作用的，在爱的行为中，消化和吸收明显加快。我们通过对一些夫妻的询问，发现了这样一个事实，那就是在进行夫妻生活之后，胃部会产生饥饿感，或者开始收缩，所以，性爱之后，进食的欲望往往更加强烈。

我们现在继续谈消极反应的话题，在我看来，消极反应的建立很少涉及内脏，它只是通过外在的刺激行为，引起手、腿、身体等退缩。在此，我可以用一个例子来让大家对其有一个更为清楚的认知。我要说的例子是：我用两种方法，建立起儿童对一条蛇的消极反应。一种方法是，我在向孩子们展示蛇的同时，让蛇发出可怕的声响，这种做法导致的结果是，孩子们吓得跌倒在地上，并开始哭叫。之后，只要一看到蛇，孩子们就会非常恐惧。另一种方法是，我一次又一次地将蛇拿给孩子们看，但是，每当有孩子想伸手去抓那条蛇的时候，我便用铅笔轻拍他的手指。就这样，在没有震惊的情况下，慢慢地建立起消极反应。不过，出于多方面的考虑，我并没有真的用蛇来做这个实验，而是用了一支蜡烛。孩子们可以通过严重烧伤建立条件反射，也可以通过多次利用蜡烛的火焰，也就是让孩子们每次向火焰处伸出手指，直到手指发热至缩手的程度。如此，消极条件反射便在没有严重的震惊下建立，只是，建立这样的反应需要一定的时间。

由此，我可不可以下这样的定论：是那些人为规定的“不”和许多的清规戒律，成就了我们今天的文明？为了适应这样的环境，人们不得不遵从这些戒律，比如儿童不能在马路上玩，成人不可以冒着染上性病的危险放纵自己，等等，社会规定了人们许多不能做的事。当然，在这里我并不是说，社会要求的一切消极反应在道德标准上都是正确的，我在这里说的“道德标准”，指的是今天并不存在的新的实验伦理学。对于今天人们所坚持遵从的许多戒律，我不知道它对人体是否是有益的。但不可否认，社会上的确存在着这些戒律。假如我们所在的社会，其习俗要求我们必须退回去时，我们只能退回去，不然我们就会受到严厉的惩罚。诚然，在这个世界上，有很多人非常固执，他们不管那些戒律，干了违禁的事，但很快就遭受到了惩罚。如今，这样的人越来越多，其实这也表明了社会尝试与错误实验正在成为一种可能。大家有目共睹，现在很多妇女都在吸烟，不论在家庭，还是餐馆或者旅馆，人们对于妇女吸烟的问题已经能够容忍，这就是一个很好的例子。只要我们的社会通过它的代理者（例如政治制度、教会、家庭）对每项活动进行统治的话，那么对新的社会反应，人们就不会进行任何学习和任何实验了。在这 2 年间，大家对妇女社会地位的显著变化都是看在眼里的，婚姻对妇女的约束力显然已变得越来越弱；越来越多受过教育的人，也在逐渐摆脱宗教的控制，所以教会的控制力也明显减弱了等。当然，控制的迅速减弱，必然会带来一定的危险，而没有经过充分实验就接受了新的方法，也会使得新的行为方式过于表面化。

4. 建立消极反应就是体罚吗?

家庭和学校中的儿童，受到体罚是常有的事情，人们也经常听到或参与到关于儿童遭受体罚的议论中。我认为我们的实验算是解决了体罚问题，而且，在我看来，我们的语言中就不应该有“惩罚”这个词语。

可以说，对肉体的惩罚由来已久。而现代社会中，之所以存在着对罪犯和犯错的儿童施以惩罚的观点，主要源于教堂中古老的受虐狂实践。我们不得不承认，我们的生活中充斥着很多意义上的惩罚，也就是“以眼还眼，以牙还牙”的观点再现。

我坚决不同意对儿童进行惩罚的行为，我认为这绝不是一种好的方法。无论是老师、法官还是父母，在他们看来，只有建立符合团体行为的个人行为才是值得提倡的，才是他们感兴趣或者必须感兴趣的。我们知道，行为心理学家是严格的决定论者，他们的思想是，不管成人还是孩子，都必须做他应该做的事。我们知道，很多儿童和成人的行为，和家庭与团体建立的行为准则是背道而驰的，或者是不相符的，而造成这一结果的原因是，在他们的成长时期，家庭和团体对他们没有进行充分的训练。而人的成长是伴随一生的，所以社会训练也应该一直持续下去。因此我们说，一个正常人误入"歧途"，其行为背离了社会行为准则，那就是家庭、老师和团体中每个成员的过错。

现在我们重新回到体罚孩子这一话题，在我看来，这样的行为是不可原谅的！

首先，我认为父母之所以对孩子进行体罚，是因为孩子的行为偏离了社会常规。也就是说，是孩子的行为在前，父母的体罚在后，条件反应无法通过这种不科学的过程建立起来。有些父母认为，孩子在白天犯了错，就应该在晚上狠狠地揍他一顿，这样才会让孩子吸取教训，在今后不做不该做的事。说起来这种想法真是让人难以理解，在我看来也是非常愚蠢可笑的。同样可笑的事情，还有我们的司法和一些法律的惩罚方式，为了预防犯罪，允许在一年中犯罪，然后在一年或两年之后，再对其进行惩罚。

其次，对孩子进行体罚，实际上多半是父母和老师的一种发泄情绪的方式。

再次，当孩子的行为偏离社会的常规后，父母便以殴打的方式对孩子进行惩罚，想要通过这样的行为让孩子得到教训。然而，他的体罚分寸掌握得不好。或者比较温和，难以达到建立条件化的消极反应的刺激程度；或者很严厉，对孩子的身心系统造成严重的影响；或者，为了建立一种消极反应所需的科学条件，并不是就要对每次偏离社会常规的行为都进行惩罚；又或者，经常对孩子进行殴打，结果体罚的效用完全丧失，使孩子形成习惯，导致孩子对不愉快刺激形成积极反应中的一种病态反应，即"受虐狂”心理状态。

既然这样，我们如何建立消极反应呢？大家可能会跟我一样相信这样的事实，那就是如果家长发现孩子正把手指放在嘴里，或者他正在拧开煤气开关，抑或正在打开自来水的龙头，那么，作为孩子的父母，他们会走上前去进行阻止，并以一种非常客观的方式敲击孩子的手指头，就像行为心理学家对任何特定的物体，建立一种消极的或退缩的反应时，所实施的电击一样客观。在我们的社会，包括群体和双亲，一般情况下，对比较大一些的孩子就很少再进行体罚，而更多时候会口头告诉他“这样做不可以”。我也知道有必要对孩子说“不”，但我还是希望将来有一天，我们会有另外的一种环境，以减少孩子和成人不得不建立的消极反应。

如今有这样一个不好的兆头，那就是在建立消极反应的系统中，家长卷入了这一情境，这使得消极反应系统成了惩罚制度的一部分。很多孩子在长大以后憎恨自己的父母，尤其是父亲，那是因为在小的时候，经常被父亲打的缘故。所以，我希望将来可以进行这样一项实验：在桌子上安上电线，那样孩子在伸手拿玻璃杯或者玻璃花瓶时，会因为遭遇电击而将手缩回去，不再触碰那些易碎的东西，这样就不会因毁坏东西而受到大人的惩罚。而孩子拿自己的玩具是不会受到惩罚的，所以也不会遭受电击。我的意思就是，我希望能够找到一种方式，让物体和生活情境建立起自己的消极反应。

5. 内在的消极反应与生命的存留

我现在想跟大家讨论的问题是，当一个人身处逆境时，诸如持续处于饥饿、寒冷状态，被遗弃、被虐待、被误解，以及其他原因造成的悲伤和痛苦，为什么还要继续活着？关于这个问题，社会学是无法回答的，而用积极反应来对此进行合理的说明，显然也是难以做到的，不管这些积极反应是什么，有多少。我认为，人们之所以在那样的环境下依然活着，是因为无条件的和有条件的消极反应，不可能让人们在正常的条件下，采取必要的、积极的步骤，来终结自己的生命。

我们可能会将自己伪装起来，用一些我们喜欢的感伤的语言，谈论着生活和爱情，这让我们沉浸其中。然而事实是，在我们很小的时候，大人就告诉我们，要远离毒品和利器，也就是说，我们早已树立起了对一切可能伤害到我们身体以及危及我们生命的物体和情境的消极反应。这些是从小就养成的恐惧反应，它与我们讨论的温和的消极反应是不同的。可以说，围绕死亡建立的条件反应非常多，所以看到或听到“死亡”这个词，就会使我们对待死亡的任何一种积极反应都难以运作起来。因此说，任何一个正常人，不论他身处什么情境之中，都不可能选择自杀。当个体处于患病状态，由于这样或那样的原因，可能会使身体处于崩溃状态，在这种情况下，自杀是非常有可能的，而且这种概率很高。基于此，我们可以认为，自杀始终是病理性的，是个体组织生活的崩溃。虽然人们一直说“自我保护”是出于人的本能，但事实上，使人类产生“自我保护”意识的，并不是情绪、本能或其他非习得反应。虽然人们从出生起就产生了消极反应，但那只是极少数情况，对于人们而言，这些本能的消极反应太少，不会对保护个体方面起太大作用。至于其他一切反应，它们都是通过社会建立起来的。不过，能够让我们的生命得以延续的，源于许多无条件反应的存在，形成了消极的条件反应的过程。也就是说，是这些内在的消极反应，让人在身处逆境、遭受痛苦时，依然继续生存下去。

6. 面对“词语”的反应

迄今为止，出现了很多关于词语反应方法的著述，对这一问题的阐释，其根本来自这样的假设：通常我们能够以迅速、流畅的语言反应来对待语言刺激。就像我们做的这样一个游戏，规则是我说出一个词语后，让你用另一个词语（可以是任何词）并以最快的速度做出反应。假如我说“猫”，你会脱口而出“老鼠”；我说“父亲”，你马上会说“母亲”。不过，假如我早就知道你上次去巴尔的摩旅行被情人拒绝这件事，所以我就把“巴尔的摩”这个词填到了刺激词的表格中，那么，当你看到这个词语时，你的反应可能不一定会那么迅速和流畅，你的反应可能会有以下几种：（1）什么也不说，也就是不做任何反应；（2）延长反应时间；（3）做出反应，可能会声音很低，但也可能会声音很高；（4）迅速做出反应；（5）反应的同时，可能还会带有其他反应，比如脸红、低下头、哈哈大笑等。

对这种方法，我们不必过多探究，因为它有着太多复杂性，在这里我也不想谈及它在精神分析中的用途。我们已经尝试过将它运用于警察的工作中，主要是为了确定情绪紊乱的犯罪嫌疑人——当时，犯罪嫌疑人正在对那些与罪行有关的词语做出反应。应该说，这种方法有助于让犯罪嫌疑人不得不承认自己的罪行。事实上，犯罪嫌疑人对这种方法是比较忌惮的，而且，他们认为这种测试能够证明他们有罪。

这种方法并不是对任何领域都适用，人们对此也越来越深信不疑。而在我看来，是我们对那些言辞的组织，培养了我们对言辞做出反应的习惯。这么说，大家可能不好理解，那么我们打一个比方。假如我是一名工人，在工场里工作，工场里的许多工具，我都可以拿过来使用，而且能够迅速上手，不需要进行任何摸索和尝试。但可能有一件很普通的工具，比如一把弯头凿子，我之前没使用过，那我可能就要琢磨一下该怎样使用它。不过没关系，它们都是木制工具，我对它们很熟悉。其实，词语和工具没什么差别，如果在决定使用哪些反应词方面还需要摸索的话，那只能说明你并不经常使用这些刺激词。

在心理学方面，人们会运用这种方法做一些有趣的事情。比如，现在我把 6 个人和我的一名助手送出房间，我的助手会随机给其中的一位一张卡片，然后让他到对面的图书馆，向那里的一位姑娘求婚。之后，我们对这 6 个人进行测试，并在最短的时间内找出那个求婚者。在这之前，助手会告诉拿到卡片的那个人，让他对自己的求婚行为进行隐瞒。在这一测试中，我想我能猜到剩下的 5 个人中，会有几个人表示见到过那张带有指示性的卡片，有几个人表示没有见到过。

在这里其实我想说的是，在刑事案件侦破中，或是对精神病例的研究中，如果依据并不准确可靠的知识进行推理和判断的话，肯定会遭遇失败。因为对于犯罪嫌疑人曾经的情绪情境，我们可能没法做到全面了解，所以就很难形成一组关键的刺激词。基于此，我认为这种方法在精神病学和犯罪学方面的实用价值并不大。

另外，关于情绪研究，还有别的一些方法，但由于它们的技术性质和所得到的并不能让人满意的结果，我们对它们的作用就不予以考虑了。

我们对人类情绪的许多方面，都已经进行了大量研究，也在这里向大家阐释了我们的论点，即人类的情绪建立在环境对人的折磨之上。直到今天，这一过程仍然充满着偶然性，人类的各种行为模式没有经过社会的审视就发展起来了。我想，我和大家都会相信这样的一种结果，那就是我们的情绪反应，可以用有序的方式来建立，只要社会找到建立的方式，便可以使它们以特定的方式建立起来。换句话说，就算不能全部了解其建立起来的过程，至少也可以了解其中的一部分。另外我认为，当我说我们正在开始理解它，而且一旦建立起来我们将如何顺利地将其消除，相信你们也会同意。事实上，这些方法如何进一步发展，我们大家都很感兴趣，也就是说，在我们中间，很多人都希望将我们身上孩子般的爱、愤怒或恐惧予以废除。这些方法将使得我们能够用自然科学的方法来治疗心理疾病，从而替代令人怀疑的和正在消逝的非科学方法——精神分析法。

在这里我还想说一句话，行为心理学家是否对自己提出的观点，需要在用词上谨慎对待呢？行为心理学家是通过很少的案例而得出的结论，他们的实验资料也的确非常少，但这些可以在将来找寻到各种办法进行弥补。我想，现在的人们只要还心智健全，就不会再使用那些陈旧的内省方法了。

7. 行为与情绪的微妙关系

德国的贝努西，哈佛大学的伯特和马斯顿，伯克利警察局的拉森，在过去的几年里，展开了一项有趣的研究。他们对犯罪嫌疑人在说谎时所呈现的一些特征做了细致的研究和观察，结果显示，当犯罪嫌疑人试图对自己犯下的罪行加以掩盖时，也就是当他说谎时，其血液循环和呼吸会发生变化。无疑，这项研究成果，对侦办各类案件的法院和警务工作者有相当大的帮助。尽管这些学者不会将他们的测试结果介绍到法庭，作为认定犯罪嫌疑人是否犯罪的一个重要依据，但这些研究者认为，他们为犯罪嫌疑人坦白认罪铺平了道路。

我们大多数人都有过在医院测量血压的经历，所以对医生的操作应该并不陌生。医生在为我们测量血压时，先将一条中空的带子绑在我们的手臂上，然后打气量血压。现在不仅有测量血压的仪器，还有测量心跳、心率变化，以及其他情况的仪器。伯克利警察局的拉森，在近年的研究中就使用了在黑皮纸上记录血液循环变化的仪器。

在测谎研究中，拉森还使用了多种波动描记器，它能够让被测试者记录呼吸变化。多种波动描记器能够将被测试者的呼吸曲线形状显示出来，其中包括呼气和吸气的时间，振幅的变化等。

那么对于一个说谎的人，是否真的可以通过这些仪器测量到的数据来断定他说谎了呢？为了得到更为准确的答案，我们接下来展开了研究。在对此项研究进行测试前，我们先用仪器对被测试者进行了测量，拿到了一组正常的呼吸记录和血压记录。稍事休息后，我们对他们展开了询问，询问的问题都非常枯燥，要求被测试者的回答也很简单——只要求他们回答“是”或“不是”。如果问到一些简单的问题，而且被测试者的“意识”比较清醒时，他们的血压和呼吸曲线都没有大的起伏，也就是说，没有特殊变化。可是，在另一种情形下的测试会得到怎样的结果呢？

如果在讲课前，我把一袋珠宝放在了讲台上，课后，你们中间有6个人围拢过来向我提问题，等到他们离开后，讲台上的珠宝袋也不见了。于是，我派人把那6个人找回来，并向他们询问珠宝袋的事情，6个人都说自己不知道，没拿过那东西。那么在这种情况下，我决定运用仪器将这6个人的呼吸和血压记录下来。这时，其中有3个人希望尽快进行测试，其目的是通过检测结果来证明自己的清白。但另一方面，有3个人不同意这样做。尽管他们的反应各不相同，但是，我们也不能从表面上加以判断，认为要求检测的3个人就一定是清白的，而另外3个人中必然有人拿了珠宝袋。所以，我决定使用仪器来对这几个人的呼吸和血压进行测量和记录。于是，这几个人被我带进了测试室，然后他们很舒服地就座。准备就绪之后，我并没有马上对他们进行询问和测试，而是先放了一段时间的唱片，然后才开口。开始时，我并不直入主题，而是问一些无关的事情，偶尔会谈到与偷窃相关的话题。例如，我会问如下问题：（1）你反对测试吗？（2）你吸烟吗？（3）你喜欢看电影吗？（4）你喜欢演讲吗？（5）那个珠宝袋是不是你拿的？（6）你刚才是不是说了谎？（7）你喜欢赌博吗？（8）你是否被警察抓捕过？这6人必须对我所提出的每一个问题都要进行回答，而且只能说“是”或“不是”。

毋庸置疑，在上述情形下，说谎的那个人的血压无疑明显地增高了，他的呼吸曲线也有了明显的变化。但通常来说，在这种情况下，相较于呼吸方面的记录，血压方面的记录更能让人满意。拉森指出，加利福尼亚警方在侦办刑事案件中，运用这一测试方法取得了很大成效。他说：“目前，这种测试的实际运用，使得犯罪嫌疑人在坦白罪行前，从无辜的嫌疑犯的记录中进行重新筛选，很有可能从中找出犯罪嫌疑人。而且，这种做法非常有效，可以说，有 90% 的案例通过运用这一方法取得了成效。剩下的那部分难以确定，主要是因为，要么犯罪嫌疑人失踪，不愿坦白，要么另有别的原因。”当然，人们在接受这项研究成果之前，研究者还需要做更多的工作。

第十章

言语与思维：行为心理学中的思维分析

大家应该还记得，之前我讲过的这样一个事实：我们人类在出生时显得非常无助。在这方面，跟其他任何哺乳动物都没法比，我记得当时在讲到这一事实时，还以年幼的猴子为例。与我们人类的婴儿相比，尽管同龄，但二者的表现相差甚远。1岁的猴子可以在树林中到处乱撞、跳跃，趁机偷取父母的食物，而1岁的孩子还只能从母亲的乳房和奶瓶里获取食物。然而，人类却通过获得的动作习惯，很快超过任何动物。人类没有为了超越猛犸和鹿的奔跑速度，而去学习如何跑得更快，也没有去学习像马和大象那样拥有更大的力量，却把它们制服了。

人类之所以能做到这点，是因为学会了更重要的东西，那就是如何构造和应用“动作的装置”。我们人类先是学会了使用木棍，然后学会了发射石头，而能将石头发射出去的前提是学会使用弹弓，因为用弹弓可以将石头抛得更远。后来，人类将石头制造成尖锐的石器，再后来，制作和应用弓箭，并用它击败和捕获那些十分敏捷的动物。此后，又学会了取火，用青铜和铁制造比石器更加锋利的刀子。然后又制造出弯弓，直至火器。从上面的描述可以看出，人类的操作技术是非常高超的，不过，人类并不是动作灵巧性的唯一获得者。大象经过训练后，可以装卸卡车上的木料；猴子经过训练后，可以熟练地操作门闩、拖拉细绳等。人们还将黑猩猩训练得可以骑着自行车，穿梭于十几个瓶子排列的障碍物中，并且不会将它们碰倒。黑猩猩经过一段时间的学习，能将瓶塞取下来，还能从瓶子里喝水，不仅如此，它还能学会点烟，将门打开或是锁上等，甚至还会做超过几百种的其他事情。

1. 语言和器官

本章开始，我们先了解一下语言。语言有它的复杂性，但不管其复杂程度如何，在开始时，它都是一种简单的行为。事实上，语言就是一种动作习惯。也许大家会对此产生疑问，但的确是这样。在亚当的智慧果那个层次，我们的咽喉里有一个被称为“喉”或“音盒”的小型器官。这一器官有一个管道，主要由软骨构成，穿过这个管道伸展着结构十分单一的两片膜（膜状的声门），声带就形成于它的边缘。而当我们把空气从胃里排出来时，通过与它相连的肌肉来对它进行操作。对于它的构造，我们可以想象夹在我们嘴唇之间，使空气通过的芦笛。我们拉紧声带，改变其间空隙的宽度。肺部的空气通过这一空隙排出，这样声带就发生了震动，发出了声音，我们称它为“噪声”。但这一声响发出时，有另外几组肌肉也在活动，这几组肌肉分别改变着咽喉的形状、舌头的位置、牙齿的位置以及嘴唇的位置。位于喉部上方的口腔和位于喉部下方的胸腔，不断地改变着大小和形状，从而使得音量、音的特征（音色）和音高产生了不同变化。婴儿在发出第一声啼哭时，这些器官就开始全部进行反应。当婴儿发出非习得的声音和喊“爸”或“妈”时，这些器官又开始反应。

还记得我们在研究手与手指的运动时所看到的图景吗？它们其实是没有太大区别的。

2. 语言习惯的形成

婴儿出生后大约 120 天，就能够伸手抓取物体。而经过特殊训练后，到第 150 天，这种习惯可以得到充分发展。但是，婴儿第一次发声习惯要更晚一些，而且发展较慢。我们在研究观察中发现，有些孩子甚至到了第 18 个月，还没有形成任何常规类型的语言习惯，而有些孩子在 1 周岁结束时，就已经有了相当多的语言习惯。

那么，婴儿到底在什么时候开始形成简单的语言习惯呢？为了研究这一问题，我和妻子对 B 展开了实验，尝试在他身上形成简单的语言习惯。B 是一个非常幼小的婴儿，我们已经开始处理他的妒忌行为。B 出生于 1921 年 11 月 21 日，他长到 5 个月大时，每个同龄婴儿具备的技能，在他身上也已全部显示出来——能“咯咯”地发声，并发出“ahgoo”以及“a”和“ah”的变音。这个孩子在出生 2 个月后开始喂奶粉，鉴于此，我们从 1922 年 5 月 12 日开始，将这个音和奶瓶联系起来。我们在实验中是以这样的步骤进行的：我们先把奶瓶递给 B，让他吮吸一会儿，然后从他手上取下奶瓶，但我们不把奶瓶放到别处，而是捏在我们手里，就站在他跟前。这时，他变得有些烦躁，身体开始蠕动，两只小脚不停地踢蹬着，而且伸手去抓奶瓶。我们对他大声发出“da”音的刺激，这种刺激大约持续了 3 个星期，当然，在对他进行这种刺激的过程中，我们会在他发出哀鸣或者呜咽时，将奶瓶给他。1922 年 6 月 5 日那天，当我们拿着奶瓶站在他面前，并向他发出刺激词“da”时，他发出了“dada”的声音。这时，我们马上把奶瓶给了他。大家可以看到，在这段时间的反复刺激下，他已经有了变化，能发出“dada”声了。在那种场合下，这一过程我们重复做了 3 次，每次他都发出了刺激词的声音。为了进一步观察他的反应，我们又连续 5 次拿走了他的奶瓶，并且没有给他刺激词。结果，为了得到奶瓶，他竟然在这种状态下说出了“dada”一词。其中，他还在一次实验中，连续发出这个刺激词的声音。在之后的几个星期里，我们继续对他进行观察，发现引发这种反应已经变得非常容易，与引起其他任何身体反射作用一样。语言反应差不多专门局限于这种刺激，因为我们在对他进行实验的过程中发现，在有些场合中，我们在向他展示他的玩具兔时，他也说了“dada”，但是换了其他东西后，这种情况就没有发生。

1922 年 6 月 23 日那天，我们发现了一件非常有趣和值得高兴的事。这个孩子，发出了其他声音，而且这些新出现的声音还是他从未学习过的，例如“boo—boo”和“bia—bia”以及“goo—goo”。当他发出这样的声音时，他无法恢复“dada”的发音。他虽然能急切地发出一连串其他声音，但是在这期间，从来没有发出“dada”的声音。然而在第二天，他很轻松地就发出了“dada”的声音。在 7 月 1 日那天，他又带给我们一份很大的惊喜，在没有给他任何刺激词的情况下，他嘴里的“dada”的声音突然变成了“dad-en”，不过他并没有忘记“dada”，偶尔也会发出这个声音。对于 B 出现的这一现象，我们开始思考这样一个问题：如果从开始我们便将他的严格哺乳习惯给他打破，而且对其发出“dada”声音的语言场合进行观察，并立即给他奶瓶，那么他的这种习惯会不会更早、更快地形成呢？我认为可能性非常大。而对于我们在实验之初所做的，用奶瓶喂他时大声发出刺激词“dada”引出反应，其效果是不是很小，是可以争论的。为了让大家对我的观点更加清楚，我也可以换一种说法，也就是我在怀疑这样一个问题：在婴儿早期阶段是否有任何语言模仿？虽然在后来出现了这种所谓的模仿，但在大多数情况下，可能并非是孩子模仿我们，而是我们模仿孩子。当这些声音形成了条件反射，那么对于整个语言，我们就可以认为它是“模仿的”。为什么这么说呢？因为在与人交往、交流中，一个人的口头语言，是在另一个人身上引发同样的或另一种语言反应的刺激物。

我们这个阶段的实验是在第150天结束的，当时，我们对B伸手抓物和其习惯相应的一种有条件的发声反应，就算粗略地建立起来了。可以说，这种反应到第150天结束时，B已经表现得很完美了。

3. 逐渐发展的语言

在条件反射的言辞反应部分建立后，短语和句子习惯就开始形成。但这并不妨碍单词的条件反射的建立，也就是说，它不会停顿，所以，各种单词、短语和句子习惯才能同时得以发展。

第一次在B的身上发现两个单词相连接的现象，是在1923年8月13日，那天他1岁7个月零25天。其实，在没有发现这一现象之前，也就是当B掌握了52个单词的时候，我们就考虑过他的单词条件反射的形式。在他1岁7个月零25天的前一个月，我们为他安排了两个单词相连的语言形式，如“喂，妈妈”“喂，爸爸”等，但是没有取得我们期待的结果。而在那一天则不同，也就是我们提到的那个日子，在他1岁7个月零25天那一天，他母亲安排了这样一件事：要他跟爸爸说再见。他母亲跟他说：“对爸爸说再见。”“再会da”，B跟着母亲说“bye”，但没有马上说出

“da”这个词，而是在犹豫了5秒钟后，才发出了“da”这个词。他母亲见状非常高兴，对他进行了夸赞、爱抚等。后来，也是在那天，他又像之前那样，在间隔了5秒钟后发了两个音“bye—bow wow”。又过了两天，在8月15日，我们让他说“喂——妈妈”“喂——露丝”“tata—妈妈”（ta-ta是谢谢你的意思）。在所有的情形里，我们在唤起他的反应之前，都会给出两个单词的刺激，但是，在毫无预兆的情况下，他说出了“blea-mama”，而且是在我们没有给出两个单词刺激的情况下，得到的两个单词的反应。在8月24那天，他指着父亲的鞋说“鞋——爸”，指着母亲说“鞋——妈”，而这是在他没有从父母那里得到任何刺激的情况下做到的，他竟然就这样把两个单词连接起来了！而在之后的4天里，他时不时地就会用上述两个单词来反应，而且还有一些从没建立过的两个单词，如“tee-tee bow wow（狗撒尿）”“bebe go-go（玩开车游戏时发出的声音）”等。而这些反应也是在没有建立任何模式的情况下发生的。他被放回到他的房间里睡觉时，也经常念叨这些词，还反复地大声地把这些单词组合起来。可以说，这一实例，对行为心理学家来说具有重要意义。

从那以后，B的两词阶段的发展迅速，他开始像成人一样用句子与他人进行交流，不过三词阶段出现得比较慢。在这些阶段里，也没有显露出新的情况。

B在3岁时，显示出了对语言的灵活运用能力，而且是在没有对他做任何事情以强化语言的情况下出现的。他在1岁的时候，只能说12个单词。对于1岁的孩子来说，B的这个水平也只是同龄孩子的平均水平。在他18个月大时，他能说52个单词，而这明显落后于一般水平。之所以出现这种情况，是因为他一直被保育员从头到脚地照料着。因此我认为，单词、词组和句子习惯的形成速度是受很多因素影响的。

4. 人是怎样用单词替代物体和情境的？

我们从1个和2个单词习惯的形成中可以看出，其过程与简单的条件运动反射的建立非常相像，如个体在听觉和视觉的刺激下做出的手的收缩反应。我们可以再次运用我们熟悉的老公式。

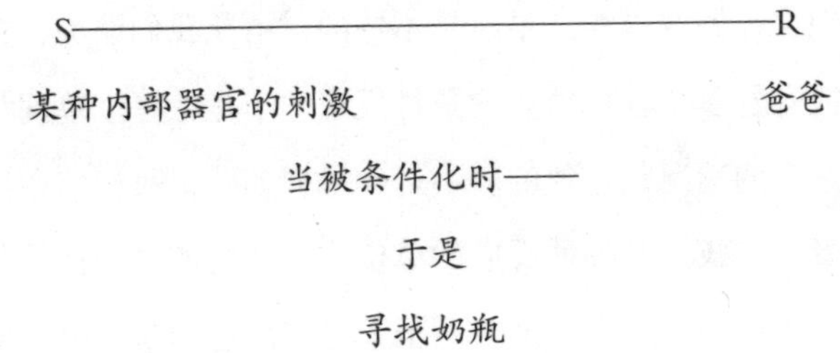

咽喉、口唇及胸腔等的肌肉和腺体组织，在无条件和非习得的刺激下会产生某种变化（当然，这些部位的变化也会依次被来自胃或外在环境等的刺激所引发）。我们叫“爸爸”时的声带发音，那是非习得的反应。也就是说，我们最初建立的反应是非习得的和无条件的反应，这跟我们的动手行为是一样的。应该说，因为对非习得的声音的反应的基本刺激，我们知道的并不多，甚至可说对其了解非常少，所以，早期阶段的单词条件反射是不够慎重的。实际上，对于引起动物的非习得反应的刺激，我们了解的要比对引起婴儿的非习得反应的刺激更多。比如，对于一只青蛙，我知道摩擦它身体的哪个部位可以使他呱呱叫，我们也能很容易让一只狗狂吠，让一只猴子乱叫。但是我们想要婴儿开口说出“dada”“glud”“boo-boo”或是“aw”，就不知道从哪里入手了。所以，我们不得不去做各种尝试。假如最初知道怎么做，那么，我们就可以很快用单词、词组和句子建立起那种反应。对于幼儿来说，我们能注意到的也只是跟某个常规性的单词最接近的声音，然后尽量做到让它与成人中唤起那个单词的物体联系起来，也就是让它代替那个物体。其实，我要告诉你们的是，在那个阶段，我们所做的一切尝试，无非是想方设法地带着幼儿进入与他的群体一致的语言世界里。上面我也提到了，由于我们对引起婴儿的非习得反应的刺激了解有限，所以这件事做起来也颇费周折。有时候，为了获得一个完整的单词，我们只好通过音节来对幼儿进行刺激，以引起他对音节的条件反射。而我们这样做取得的结果还是不错的，由此我们认为，在一个长单词中，很可能有着多个各自独立的条件反应。于是，一个单词与我曾经讲过的学习走迷宫的情况是一致的。不过，尽管如此，我相信在婴儿发出的非习得的声音中，我们有各种反应的单位，当它们通过条件反射被连接起来时，就变成了我们字典中的词。而至于那些出色的演说家，他们在演讲时发出的震撼人心的所有声音，其实不过是他的非习得的婴儿的声音，是其成长中的每一时期的耐心的条件反射相连接的结果。

在语言习惯形成之初，其速度是比较缓慢的，而与第二级之后成序的条件反射则不同，它们显现出来的形成速度是非常快的。很显然，关于“妈妈”这个单词，对于一个3岁的孩子而言，其唤起的条件是这样的：（1）看到了妈妈；（2）看到了妈妈的照片；（3）听到了妈妈的声音；（4）听到了妈妈的脚步声；（5）看到了印刷体的英语单词“妈妈”；（6）看到了手写体的英语单词“妈妈”；（7）看到了印刷体的法国单词“妈妈”；（8）看到了手写体的法国单词“妈妈”。当然，除此之外还有许多，比如妈妈的衣服、鞋帽等视觉刺激。这些替代刺激一旦被建立起来，孩子对“妈妈”的反应就不再像之前那样简单了，而是变得复杂化了。这时，他就可以用多种方式说“妈妈”，可以用平常交谈时的口气，可以用很大的声音叫着，也可以温柔地或是愤怒地表达……这些现象的出现，表明了“妈妈”的反应由很多甚至几百个肌肉活动组成。

换句话说，我们以自己的言辞习惯来抚养孩子，在语言上就会使他们形成条件反射。我们可以通过一个孩子在说话时的语调来判断他是南方的孩子，还是北方的孩子。比如，我们可以通过一个孩子说“水”的方式，判断他是来自芝加哥的孩子……很显然，我们不仅学习了父母的语言，同时还习得了他们的语言习惯。存在于不同种族和地域之间的这些言辞差异，并非源于咽喉结构上的不同，或者是基本的非习得的婴儿期反应单位的类型和数目不同。在南北战争结束后，许多北方人迁往南方，在那里，他们的孩子开始学说南方话，而不是新的英格兰英语。同样，一对法国夫妇生的孩子，如果被带到美国这个国家，由讲英语的人进行抚养的话，那么，这个孩子也会习得非常好的英语。

另外，如果我们在晚年时学习一门外国语，那么在用它讲话时，想要不带任何口音是一件非常困难的事。这是因为，反应的习惯类型使机体失去了灵活性，也就是说，它们有使身体的实际结构发生定型的趋势。在生活中，如果一个人总是垂头丧气的样子，他就会让我们朝着将其描述成忧郁、丧气、扫兴的面部表情的方向走。在这方面还有另外一个因素，那就是在青春期，喉部开始发生变化，变得不再灵活，由于定型，它发出新的声音的可能性很小。

由此，随着孩子的不断长大，对于外部环境的每个物体和情境，他都建立了一个条件化的词语反应。而这一切，是由于父母、老师和他所接触到的社会上的其他人安排的。但是，他对其他内部环境的许多物体（身体本身的变化）却不需要做出条件化的词语，这似乎有点令人奇怪。不过道理也很简单，那是因为父母和其他人没有对它们讲过话。至于身体中发生的事，多半是非语言化的，即使在我们人类中也是如此。

5. 语言有“替代品”吗？

我们知道，在外界环境中，每一个物体和情境都被人们赋予了名称，这一点实在具有深远的重要性。词语不但可以将其他的单词、词组和句子唤起，在被人类适当地组织起来后，它们还有一个了不起的功能，那就是唤起人们所有的操作行为。这种功能其实与言辞替代物体是相同的。就像迪安·威廉夫特每当饰演不能或不愿说话的人时，就会用一些物体作为传达心思和情感的道具，他会挎着一只装满物品的包，有所表达时，他就会将物品从包里取出来用以代替他要表达的意思，从而对他人的行动进行影响。假如我们对物体和言辞之间不具备“同义反应”的话，不知道那将会是怎样的情况。我们可以想象一下，在你的家中，你雇的保姆是罗马尼亚人，厨师是德国人，管家是法国人，而你只会讲英语，这个时候，如果不具备“同义反应”的话，在某些情况下，你一定会陷于很无助的状态。由此，我们是不是已经意识到，这对于我们的生活和工作有重要意义？

就理论而言，人类本身对每个物体，一旦有了一种语言替代，他就可以通过这种组织工具来装载他周围的世界。当他一个人独处于一个房间，或者在黑暗中卧床休息时，对于这个语言世界，他是有能力进行操纵的。人的很多发展正是这种操纵能力使然，即对那些并没有呈现在我们面前的物体进行操作的能力。过去，人们认为“记忆”就聚集在我们的心灵之中，就像那些玩具匣子里的小人，即便在没有任何刺激的情况下，也随时都准备跑出来。这样的观点当然是错误的，是需要我们警惕的。在我们的咽喉等肌肉和腺体组织里，周围的世界被我们当作实际的身体组织而携带着。无论在什么时候，哪个组织只要受到适当的刺激，就会随时准备发生作用。而这种适当的刺激是什么呢？

6. 词语形成的关键——动觉

言辞习惯的建立和手的操作习惯的建立是一样的。我之前也跟大家提到过，一旦一系列反应（手的操作习惯）围绕着一系列物体组织起来，在一系列原始的物体没有出现的情况下，我们都可以进行整个系列的反应。为了更好地跟大家解释这一说法，我用举例的方式来说明。我们知道，很多人第一次学习乐谱时，都是在钢琴上用一根手指，一个音一个音地弹奏。假如这个初学者是你，你正在学习弹奏《扬基歌》，当你弹奏它的曲调时，你一定会这样做：先看一下乐谱，看到音符 G，就按下 G 键弹奏它；接着你看到音符 A，又按下 A 键；后来又看到音符 B，便又去按下 B 键。在你面前的那些音符就是一系列的视觉刺激，它使你产生了反应，而且这些反应是按照这一系列的视觉刺激组织起来的。虽然如此，在你练习了一段时间后（当然是有效练习），就算你的乐谱被人拿走，你一样可以准确地弹奏它。甚至在晚上看不清琴键的情况下，有人请你弹奏钢琴时，你也会毫不犹豫地去弹奏乐曲，而且弹奏得和白天一样好。之所以出现这种现象，是因为你知道你做出的第一个肌肉反应，也就是在你开始弹奏乐曲时，你按下的第一个键替代了第二个音符的视觉刺激。所以，虽然是在晚上，但你在弹奏乐曲时也没有出现任何差错。

这种现象也一样发生在语言行为方面。假如你在看小人书，读到（你的妈妈常常做出听众的样子）“现在——我——躺下——睡觉”，然后就对这几个词做出相对应的反应，也就是看到“现在”就做出“现在”的反应（反应1），看到“我”时，就做出“我”的反应（反应2），使整个系列进行下去。过了不久，说出“现在”这个词之后，它就变成了说“我”“躺下”等的运动（动觉）刺激。这一现象，对我们为什么能够脱离刺激世界，将我们听到和看到或是过去发生的事件流利地讲出来，做了解释。来自旁观者的语言和朋友的提问，甚至我们的所见所闻，对这一旧的语言组织都有触发作用，但人们常将此说成是“记忆”。

7. 语言习惯的保持

通常，我们大多数人所表现出的记忆，其含义就像下面发生的这种情况：一个很多年没见过面的老朋友突然来看望他，他看到这位朋友后，惊讶地叫道：“天啊，我不是在做梦吧？这不是西雅图的艾迪生·斯密斯吗？我们有多久没见了，上一次还是在芝加哥的世界博览会上，从那以后我们再没见过。你还记得温德米尔的旅馆吗？以前我们经常去那里聚会。还记不记得博览会中的娱乐场？记不记得……”心理学对这一过程的解释就是这样简单。而在对行为心理学的一些批评中，曾有人谈到过行为心理学不能充分地解释记忆。那么，事实果真是这样的吗？让我们来看一看。

最初，这个人认出斯密斯先生时，他既看到了这个人，也熟悉了他的名字。可能在一个星期或两个星期后，他再次看到了他，而且也听到了对他的一番介绍。又一次，他见到了斯密斯先生，并听到了他的名字。然后，过了一段时间，他们成了朋友，差不多每天都见面，成为非常熟悉的人。也就是说，相互之间对相同或相似的情境，已经形成了语言和操作的习惯。也可以这样解释，这个人在和斯密斯相处的过程中，经过了完全的组织，用许多习惯方式对其做出反应。这样，最后就剩下见到斯密斯先生了。只要见到，哪怕是几个月没有见过面，但见到了，也一样可以唤起他原有的语言习惯。不仅如此，其中还伴随着许多其他类型的身体和内心的反应。现在，斯密斯见到了他，他很兴奋，一下子冲到斯密斯的面前，显出“记忆”的各种迹象。但是，他可能会在来到斯密斯面前时，发现自己叫不出他的名字。这时，他可能会用一些借口来掩饰这份尴尬：“看着你觉得非常面熟，但一时叫不出名字。”在这种情况下，原来的操作和内心还存在（握手、拍肩等），但不得不承认，语言组织即便是没有完全消失，但有一部分也已经丢失了，而语言刺激（说出名字）的明显重复将会使原有习惯重新建立起来。

但是，还有这样一种情况，可能斯密斯先生在别处待的时间太长了，或者原本两个人就不是很熟，（练习时期）交情很浅，因此，多年之后再见时，原有记忆可能已经消失了，包括操作上和语言上的（对于完整的反应来说，这三种习惯是必要的）。在你的术语系列中，你将会完全“忘记”斯密斯先生。

事实上，生活中，我们每天遇见的人、读过的书，以及发生在我们身上的事情，都是以这种方式连接着。这种连接有时是偶然的，有时是临时的，有时是由老师灌输的，比如乘法口诀、历史事件等。在学习过程中，侧重会有所不同，有时是操作方面的，有时是语言或内心方面的。但一般情况下，它是三种习惯的结合。只要刺激出现间隔的时间不长，这个习惯就会不断地复习和加强；而一旦刺激被长时间移走，即没有练习的时期，这个习惯就会消失或者部分消失。等到刺激重新出现时，关联到原有的操作习惯的反应，便会和名字、微笑、笑声等一起出现。这个反应是完整的，也就是说，记忆是完整的。我们看到，这其中非常有可能出现的情况是，这个整体组织的任何一部分会全部消失，或消失一部分。而对于所谓的一种热情的感受和紧紧围绕真实记忆的亲密行为，在行为心理学家看来，它指的是像喉的组织和操作的组织得以保持一样的内组织的保持。

因此，我们所理解的“记忆”是这样的：当某个刺激消失后，再次被我们遇见时，我们从事了原有的习惯性的事情，我们也只是做了原有的习惯性的事情。例如，说原来说过的话，表现原有的内心——情绪——行为。也就是说，我们所做的是这一刺激在我们面前第一次出现时，我们学着做的事情。

另外，在这里需要进一步说明的是，人们在学习一系列单词和无意义音节时，最初消退会非常快，但是之后，消退就变得缓慢多了。

8. 行为心理学家的思维观

对于上述我所说的一切你们可能是赞同的，但对我所做的一切可能会很不理解：这个人花费这么多时间来谈论每个人都很清楚的事情到底是为了什么？好，那我就告诉大家，我这样做是想为你们提供一个背景，以消除你们对思维本质的任何误解。

不论我们大家曾经对思维是怎样理解的，或者现在是否还想去翻阅关于这方面的哲学书籍，试图去了解它，但我相信大家最终会放弃的，就像我一样。我也曾经试图去理解它，但最后还是放弃了。那么思维到底是什么？或许你曾经被训练着说，思维是无法触摸的独特的非肉体的东西，它很短暂，属于一种特殊的心理现象。在行为心理学家看来，人们总是习惯把神秘的东西和看不到的东西联系起来。但是，随着新的科学的不断发展，过去很多不能观察到的现象，现在都可以被观察到，因此，对于民间传说中的很多事情，我们知道它其实是不存在的，那不是事实。所以关于思维，行为心理学家提出了一个自然科学的理论：它是生物过程的一部分。

行为心理学家认为，所谓的思维，不过是同我们自己交谈。虽然这一观点的证据有着很多假设的部分，但它是一个根据自然科学来解释思维的先进理论。在这里，我希望跟大家证实的是，我们在发展这种观点的过程中，我从没有认为在思维中起决定性作用的是喉的运动。的确，为了表达我自己的观点，在以往的描述中，我也曾采用过这样的阐释方法。

事实上，我们有大量证据可以表明，当喉被切除后，人的思维能力是不会受到任何影响的。喉可以破坏清晰的发音，但不会破坏低语，因为低语有赖于脸颊、舌头、咽喉和胸部的肌肉组织反应，说得更确切些，低语是在使用喉的过程中建立起来的组织，这些组织反应在喉被切除后，依然发挥着作用。而对于我们所说的组成喉的大量软骨负责思维（内部语言）这一观点，其实就如同我们说构成肘关节的骨头和软骨组成了打乒乓球所需要的主要器官一样。我认为，在外显的言语中，习得的肌肉习惯对内隐的或内部的语言（思维）负责，而且存在着几百个肌肉组合，正是因为它们的存在，人才可以出声或对自己说出几乎任何一个单词。由此可见，语言组织的丰富和灵活，也足以说明我们外显的语言习惯的变幻无穷。

就像我们大家所知道的那样，一个优秀的模仿者可以运用很多种不同的方式，把相同的词组讲出来。比如他们能用男高音讲出词组，也能用男低音讲出词组，可以用女中音、女高音来讲出词组，也可以像一个无法将英语说得连贯的法国人那样，抑或是像一个小孩子那样，等等。所以，对于每一个单词，我们在说它的过程中形成的习惯的数目和变化是非常多的，可以毫不夸张地说，多到不计其数。而且，人从婴儿时期开始使用语言，跟他使用双手来表达情形的作用相比，使用语言表达情形的作用要强上千倍。在这种情况下生长出来的复杂组织，即便是心理学家对它也是难以把握的。而当个体外显的语言习惯形成后，他们也开始与自己不断地交谈（思维）。这时，就会出现这样一些现象，比如耸肩或身体任何其他部位的运动，也就是说，新的组合问世了，新的复杂性出现了，新的替代性发生了，而诸如耸肩之类的运动，就成了替代一个单词的信号。于是不久，身体上的任何一种反应，便可能都会成为一个单词的替代品。

其实，还有一些其他的观点，对我们的理论起到了促进作用。比如有理论指出，在大脑中发生的中枢过程是非常脆弱的，由于这一特性，在这一过程中，没有神经冲动通过运动神经传递到肌肉，这样，在肌肉和腺体里面也就没有反应发生。

9. 支持行为心理学家观点的证据

行为心理学家认为，个体具有的思维是不出声地交谈，我们这一观点的提出，自然是以大量证据为依据的，而证据主要来源于对儿童行为的观察。

我们曾在前面指出，当儿童独处时，会不停地说话。就拿一个3岁的儿童来说，他甚至会将自己一天想要做的事情，以自说自话的形式说出来。他会讲出自己的心愿、希望、惊恐和烦恼，以及对保姆和父母的不满。当然，不久后，对于他的这种行为，父母和保姆开始对其进行干涉，他们会告诉孩子，“独处时不要出声说话”，会对他说，“爸爸妈妈从不自言自语”。在这种情况下，儿童外显的语言逐渐减弱，最后变成低声细语。但是，一个熟练的唇读者，还是可以从儿童的低声细语中，读出他关于世界和自己的想法。当然，也有一些个体没有对社会做出这种让步，自然也不会受影响，所以在独处时，他依旧大声自言自语。不过更多的人在独处时则显示了不同状态，也就是几乎没有错过低声细语阶段。不过，由于社会会不时地对个体的某些行为施加压力，在这种情况下，绝大多数人都要进入第三阶段，也就是总被以“不要对自己小声低语”和“你不能不动嘴唇阅读吗”等类似的话语命令着。所以，这个过程就不得不只在自己的心中发生了。有了这堵墙做屏障，人可以用自己能想到的最坏的名称来称呼一个恶霸，并不用带一丝笑容；也可以告诉一个令人讨厌的人，实际上有多么可怕，然后又面带微笑地去恭维这个人。

另外，聋哑人在与人交流时，是用手势代替语言的。对此，我曾经收集了大量证据，这些证据表明，他们的确是用手势代替语言的，而且是用他们在交谈和思考时使用的相同的手势反应。博林学院和曼彻斯特收容所负责人塞缪尔·格里德利·豪博士，曾教授一位名字叫劳拉·布里奇曼的人使用一种手语。这个人又聋又哑又瞎，但他学习手语后，就算是在梦里，也依然能够用手语以最快的速度自言自语。

对于这一观点，想要得到大量证据并不是一件容易的事情。这些过程非常不明显，它不像呼吸、吞咽、循环等过程，总是处于运动之中，比较微弱的内部语言活动在它们的影响下，可能会变得模糊不清。但是，就目前来看，还没有一个更令人信服的观点出现，也就是与已知的生理学事实相一致的其他观点。

不论谁提出的什么样的观点，能够说服大家的前提条件自然是事实，也就是说，大家对事实最为感兴趣，我们也是。如果所获得的事实证明我们目前的理论是无法站住脚的，那么行为心理学家愿意将其抛弃。但是，如果出现这种情况，那么，关于运动行为的整个心理学概念，即伴随感觉刺激而产生的运动行为，也只能同它一起被抛弃。

10. 我们什么时候思考?

"我们什么时候思考？"在试图回答这一问题之前，我先问大家一个问题：你什么时候用你的躯干、四肢等来行动呢？你如实地回答道："当我处于不协调的情境中，想让自己从中摆脱出来时，就会用四肢和躯干行动。"我之前曾给大家讲过，当胃的收缩强烈时，个体便会走向冰箱，从那里拿出可以吃的东西。或者在睡觉时，有街灯透过遮挡物的缝隙射进屋子，在干扰入睡的情况下，个体会从床上爬起来走向窗户，然后在它的缝隙处贴上一张纸，以遮挡街灯的照射。还有一个问题，我也想问一问大家：我们什么时候用喉部的肌肉来进行外显的活动，也就是说，什么时候交谈和低语？自然是在需要交谈和低语的任何时候，即当我们处于某一情境，而除了声音之外，没有其他方法可以帮我们摆脱这一情境时，我们必须交谈和低语。就像此刻站在讲台上给大家讲课的我，就需要借助语言来教授课程，不然我就得不到50美元的讲课费。如果我掉进了水里，不大声喊救命引来他人的帮助，就很难脱离困境。或者当有人向我提出问题时，文明和教养要求我要对其做出回答。

我说的这些，看起来都非常清楚。那我们继续最初的话题，就是“我们什么时候思考”。在这里，希望大家记住的是，人所具有的思维是不出声的言谈。当我们处于一个不协调的情境中时，我们会不出声地运用我们的语言组织，以脱离这一情境，就是我们的思考。这种现象在我们的生活中比比皆是。现在我想给大家举一个例子：一天，R 的雇主对他说：“假如你结婚的话，你可能会成为这个团体中更稳定的一员。不知道你的意见如何？我希望在你离开这间屋子之前，能够听到你的回答。因为，要么我解雇你，要么你结婚。”听到雇主的这番说辞后，R 不能出声地自言自语。其实，关于自己私生活方面的许多事，他想告诉雇主，但他不能那样做，否则就有可能被解雇。显然，此时运动行为不能帮助他摆脱困境。他只能另想办法，想好之后，他才能对雇主说出自己的决定——结婚或不结婚，也就是做出一系列无声反应中的最后外显反应。当然，在我所举的这个例子中，R 所面临的问题过于严重，事实上，在生活中并不是所有碰到的被无声语言反应的情境都会如此。比如，我们经常会遇到这样的事情，有人问你：“下周四我们共进午餐，好吗？”“你能借给我 1000 美元吗？”等。

11. 我们如何进行思考?

根据我们的思维理论，我有这样的几个界定和主张想跟大家说一说。

“思维这一术语包含了所有无声进行的语言行为。”听了我的这句话，你们可能会说：“你就在刚刚还对我们说，很多人都是出声思考的，甚至还有更多的人从没有错过低语阶段。”对于你们即将要说出的这句话，我想做如下解释：从思维定义而言，它算不上是严格意义上的思维。对于这种情况，我只能说，他在发出声音说出他的语言时，或者以这种形式对自己低语。当然，我这样说的意思，并不是说出声对自己说话或低语的过程与思维的过程不同。但是，大部分人都是按照思维的严格定义来思考的，基于此，我想就我们所知道的关于思维的所有事实，跟大家做一下说明。当然，这些事实都是我们通过观察的最后结果所得出的。我们所指的这个“最后结果”，是指个体最后外显地说出的话（结论），或者在思维的过程结束之后进行的运动行为。而对于那些不同的思维，我们能假定有多少种呢？对于所有思维的形式，我想都能在下面的内容中讲出来。

第一，已经完全习惯化的语言的无声应用。例如，假定我问你这样一个问题：“What is the last word in the little prayer ‘Now I Lay me down to sleep’？（儿童睡前祈祷词中的最后一个单词是什么？）”如果在此之前，你没有被问过这个问题，你只是自己尝试一下，便外显地反应出单词“take（拿）”。那么，你浏览原有的思维习惯，其实就与一个造诣很高的乐师浏览一个熟悉的曲段，或者一个将乘法口诀记得很熟并出声地说出它的儿童一样，“你只是内隐地练习你已经获得的一种语言功能”。

第二，在组织得很好的内隐语言过程被情境或刺激激发的地方——当然，也并不是说其好到或练习到不需要学习或者不需要重新学习便可以发挥作用的地步。对此，我还想用一个例子来跟大家说明。你们当中能够立即用心算算出 333×33 的结果的人，应该非常少，或者说几乎没人能做到，但对于心算，大家没有不熟悉的。对于这道题的运算，无须考虑新的过程和步骤——对此是没有要求的，大家只要用若干低效的语言运动，便可以算出结果。也就是说，进行这种运算的组织都存在，只是有点慢而已。要想快速准确地将其计算出来，必须在运算之前进行练习。经过两周练习，对于三位数与两位数相乘的问题，你们将会迅速地回答出正确的答案。在这类思维中，我们所具有的东西，与在很多运动行为中具有的东西是类似的。就拿洗牌和发牌来说，相信差不多每个人都会做。假如我们曾经通过一个较长的暑假学会了玩桥牌，并且已经到了很内行的地步。现在，我们有一次玩桥牌的机会，但在这之前，我们差不多一到两年没有碰过它了，这时，我们拿起牌进行洗牌和发牌时，动作就有点迟钝了。而如果我们想再次成为内行，就得需要练习几天了。同样的道理，在这类思维中，我们正在以内隐的方式对一种我们从来没有完全获得，或者因获得的时间比较早而致使记忆中的某些东西已经丢失了的语言功能进行练习。

第三，还有另一种思维，这种思维曾被称作“建设性思维”或“计划”等。之所以这样，是因为它总是与每一个第一次尝试具有相同数量的学习有关联，即它是第一次面对任何一种新的情境进行的思考。因此，这里的情境是新的，也就是说，对我们而言可能是新的任何一种情境。当然，对于这个问题的解释，我还是要为大家举一个例子，也就是关于新的思维情境的例子，不过在这之前，我有必要先为你们举另一个例子——新的操作情境的例子：我拿一个布条，蒙上你的眼睛，然后把一个机械玩具递给你，这个玩具由3个连接在一起的环组成，我的问题就是让你把这几个环分开。其实，要解决这个问题，你只要尽力地把你以前所有的操作组织运用到它上面即可，无须用多少思维或“推理”，至于出声说话或喃喃自语甚至也用不上。你可以用力拉环，用各种方法翻转它们，这样，最后环与环相扣的连接点，可能突然就滑开了。这种情境就跟一个人尝试做某件事一样，我们已经知道，当一个人第一次参与有规律的学习实验时，所表现出的尝试行为就是这种。

当我们被置于新的思维情境中时，我们必须如上面所述的例子那样去做，从而摆脱那样的情境，事实上，我们经常被置于新的思维情境中。下面我再给你们举一个例子。

你有一个朋友找到你，说他正在办一个新的企业，非常希望你能作为一个合伙人加入他的企业，因此，他请求你辞去你目前的理想职位。他说，如果你加入这个企业，将会获得更大的收益，最终会成为一个老板。你的这位朋友是一个值得信任的人，有责任心，有担当，而且拥有雄厚的资金，也有能力让别人对他的建议感兴趣。你的朋友把他的想法和建议说给你听后，因为还要去拜访对这项冒险事业感兴趣的人，所以就离开了。临走前，他恳请你1小时后给他打电话，将你的决定告诉他。对于朋友的这个请求，相信你一定会考虑。所以，当朋友走后，你会因为“去”还是“不去”这一问题，而在屋子里来回踱步，会吸烟，会不断拨弄自己的头发，甚至可能还会流汗。你在一步一步地执行这个过程，所以，在这1小时之内，你的整个身体将一直处于活动状态，而且活动会显得很频繁，但是，期间决定你的步速的是你的喉部机能的机制，也就是说，它们是主要的。

在此，我需要强调的是，在此类思维中有这样一个事实，它也是最有趣的一点：这种新的思维情境在被碰到之后，或者它一旦被解决掉，一般情况下，我们就没有必要再以同样的方式去面对它。“这种情况，只是在学习过程的第一次尝试中才会发生”，而且我们的许多操作情境跟它是非常相似的。打这样一个比方，我驾车去华盛顿，但我对小汽车的内部结构了解得很少。汽车在行驶的途中，发生故障停了下来，我下车修理了好一会儿才把它弄好。车子行驶了 50 英里（约 80 千米）左右后，再次出现故障停了下来，我又一次遇到了以往的情境。在实际生活中，我们有时会遇到这样的状况，那就是从一个情境转到另一个情境，但并不是每个情境都相同，它们之间总会有些不同的地方。画出我们摆脱这些情境的曲线，当然不会像我们在实验室里学习那样，然而，我们的日常思维活动进行的方式的确跟它一样。所以我们说，通常情况下，复杂的语言情境只能通过思维来解决。

刚才我所描述的复杂思维是按照内部语言来进行的，用什么来证明我的这一说法呢？大家知道，我们的结论都来自实验，这个也自然从实验中获得了验证。在实验中，我要求我的被试者出声，于是，他们按照我的要求去做了，并且使用语言，当然，在这一过程中，其他一些辅助的身体动作也出现了。我发现，他们用语言来进行反应的行为，在心理学上与老鼠跑迷宫的行为很相似。我之前给你们讲过关于老鼠走迷宫的行为反应，大家应该还记得我讲过的那个过程，也就是一只老鼠从迷宫的入口处向前慢慢地走着，它在笔直的通道上时，以非常快的速度奔跑，慌乱中它跑进了死胡同，这时，它返回起点重走。大家记住这一过程，然后，向自己的被试者提一个问题，让他告诉你某一个物体是干什么用的，需要注意的是，这个物体对于被试者而言，一定要是陌生的和新的且复杂的。你请他出声地解决它，也就是将每一步骤都用言辞说出来。从中你们可以看看，他是不是以一种徘徊的状态，使自己进入每个可能的语言死胡同，迷失了方向，然后返回，希望再来一次，让他重新开始，或者请求你把物体拿给他看一看，或者请你将原本就打算告诉他的有关这个物体的所有事情再说一遍，直到最后他决定将它放弃，就像老鼠放弃走迷宫的困难，在迷宫里倒下睡觉一样，或者找到了解决的办法。

或许有人反对我的观点，他们会说，老鼠“知道”自己在什么时候解决了问题，因为它得到了可以充饥的食物。那么人呢？人又是什么时候知道自己解决了问题呢？其实，这个问题很简单。我们之前讲过那个用纸遮住光线的人，当他在缝隙处贴了一张纸后，光线就被遮住了，这时他没有继续在缝隙上贴纸，为什么？因为“作为刺激而使他运动的光线不再存在”。对，就是这么简单。思维的情境正是这样：在某个处境中，只要因素（语言的）存在，它就会对个体进行刺激，使其做出进一步的内部语言，因此，这一过程就会继续下去。当然，如果个体在这一过程中不作为，那么语言的结论是得不到的。但如果问题没有被解决，就只好在第二天继续了。

12. “新的情境”是如何产生的？

说到这个问题，我不禁想起人们经常提到的一个问题：如何才能创作出一首诗，或者写出一篇优美的散文？对于这一问题，我们的回答是通过巧妙地使用语言，再对其进行修改，直到一个新的模式偶然出现，新的语言创作就实现了。个体在思考时，没有两次会处于相同的普遍情境，这个原因致使语言模式也不会不同。其成分是旧的，也就是说，那些出现的词语是我们目前使用的词汇，而说它“新”无非是由于安排不同于以往罢了。为什么一个对文学创作不精通的人，很难或者说不能创作出文学作品，但能使用文学工作者所用的一切词汇呢？因为你不会对那些词汇用心琢磨，因此，你对它的使用能力是拙劣的。而文学工作者则不然，因为那是他们的职业，他们必须用心钻研，所以才具备了使用词语的优秀能力。这样，他们在各种情感和实际的情境影响下，就能很好地运用词语，将自己的所思所想、所见所闻记录下来。词语在他们手里，如同你使用打字机上的键或一组统计数字。为了说明这个问题，我再给大家列举一个操作行为。你怎样假定帕图要做一件新的套裙呢？你是否以为，她有想象做好之后的套裙会像她脑中想象的那个样子？不，她没有，或者她没有时间去勾勒那幅图像；她有，她勾勒出套裙的草图，或者她让助手按照她事先想好的样子去做。她在开始创作时，也就是说，她在设计这件套裙之初，她关于套裙的组织是大量的。这一样式里的每种东西，对她而言都是触手可及的，像过去所做的每件事一样。创作时，她把一块丝绸披在模特身上，然后，她把丝绸在模特身上上下左右地拉着，把放在腰部的丝绸或紧或松，或高或低，再使裙子或短或长。这样，那块丝绸在她手里不停地变换出各种状态，直到最后呈现出一件套裙的样子。“她在摆弄停止之前，对这一新的创作不得不做出反应”。创作就是这样，任何一件东西都不会与以前做过的东西正好一样。当人处于创作状态时，其情绪反应被完成的产品以各种方式所唤起。在这一过程中，如帕图或许会扯下丝绸，重新构思，又或许会觉得很满意，期间，模特与助手也会表示出他们的认可和赞赏。但是，如果在帕图对作品感到满意时，恰逢一个竞争心很强的时装商人在场，帕图听到他旁白似的说：“的确很好，但我总觉得它非常像你3年前设计的那套裙装，你现在是不是变得有点守旧了？因为过于守旧已经无法跟得上时尚的潮流了？”我们可以想象帕图听了这番话后的情形，她可能马上会将自己设计的作品从模特身上扯下来，将其丢到一边。如此，新的操作又开始了，也就是说，帕图又开始了新的设计活动，直到创作出新的作品将她和别人的赞美、表扬重新唤起，操作才算完成。这一过程，其实就相当于老鼠找到了食物。

诗人和画家也不例外，他们用同样的方法从事着自己的创作。诗人可能刚刚读过济慈的作品，或者刚从月光下的花园里散步回来，而这时，碰巧他漂亮的女友强烈地暗示，他从来没有用美丽的言辞赞美过她。他回到房间后，而正巧那时又没什么事情需要他做，他很想摆脱无所事事的状态，所以想找点事干，可是他所能做的只有操作语言。于是，他拿起书桌上的铅笔，与铅笔的接触将其语言活动激发了出来。顺理成章地，那些表达罗曼蒂克情境的话便从笔端流淌出来了。当然，在那种情境里，他所写出的作品一定是饱含深情、快乐、幸福的，而不会是哀悼词或幽默诗。对于他而言，由于处在一种新的情境，他的语言创作的形式也会与以往不同。

第十一章

婴儿行为心理：人类最本真的行为反应

谈到心理学，人们心目中差不多都有这样一个观念：行为主义和本能的存在是根本对立的。就像有的人对我说："你不是行为主义的奠基人吗？假如你赞成行为主义，那么你一定不承认本能了？"我相信，有很多人的想法也是这样，他们认为对本能的否定就构成行为主义，行为主义的本质就是对本能的否定。

其实他们不知道，本能的研究和行为主义的主张并没有必然冲突之处。因为假如有本能，它也是指一种行为而言，并非是指和行为主义完全不相容的意识层面。行为主义者认为，本能是一种非习惯行为。既然是一种行为，那便是可以完全运用客观的观察方法的，所以行为主义者承认本能的存在，但不会定义它。同样，一个主张本能的人也有成为行为主义者的资格。其实，我说这些就是要告诉大家，行为主义不反对研究本能，而且，由于婴儿的本能体现最明显，所以，行为主义者会以婴儿的本真反应为起点来探索人类的行为和本能。

1. 人类幼儿研究的阻力

在区别人的非习得资质与习得资质的问题上，我们必须通过观察一个人的生活史才可能给出一个合理的答案，这意味着我们要从一个孩子的幼儿期开始观察。在过去的 20 多年里，我们已经收集了除了人类幼儿之外的大量动物幼仔的实验数据，我们对这些幼仔的观察、了解也远远超过了对人类自身的了解。因受制于我们所处的社会环境，我们对于婴幼儿的研究存在着很大的阻力。人们能够接受世界上每天有成千上万的儿童挨饿，能够接受他们在贫民窟或者污秽的娱乐场所成长，却不允许让行为心理学家展开对婴儿的实验。如果我们尝试展开这样的工作，就会受到来自各方面人士的批判。

过去，我们曾观察过幼鼠、幼兔、幼猴还有幼鸟等各类动物的成长，几乎是每天都在陪伴这些动物成长，这些研究也让我们对动物的非习得资质与习得资质有了相当程度的了解。实验结果表明，单凭观察，一个人根本不能区分出一个复杂行为中哪些是习得资质，哪些是非习得资质。这些研究给我们日后研究幼儿打下了良好的基础，我们可以从中积累出一套方法。但若是天真地以为对其他动物的研究结果可以适用、推及至其他种类的动物身上，就会站不住脚。有些动物生来就有厚重的皮毛，行为反应也非常复杂。一只豚鼠出生 3 天后，就不再依赖母亲了，而一只白鼠，因为诞生时处于十分幼稚的状态，它需要等到 30 天左右，才能从母亲的照料中独立出来。虽然这两者都属于啮齿动物，但出生资质却如此不同，这也表明，通过对低级动物的研究所得出的实验结果来解释人类的行为，是多么幼稚的想法。

然而，我们的社会环境是不会轻易允许我们对幼儿进行观察、研究的。我们坚信，在一个孩子没有生病的情况下对其进行临床的研究，会令孩子的父母变得激动起来。而我们所说的一切关于心理学方面的问题，在孩子的家长面前也会不值一提，这就令我们的工作开展困难重重。然而，我们并非在这方面没有做丝毫的争取，感谢约翰·霍普金斯医院的院长威特里奇·威廉斯博士的宽宏大量，还有哈里特·兰恩医院的内科主任医师约翰·霍兰，我们终于得到了一次研究机会。当然，这种研究方式会经过一些“包装”，我们对婴儿的行为心理的观察，是围绕我们对这家医院里出生的一切婴儿的日常护理工作展开的。

当然，我们在对婴儿进行研究之前，需要进行相当程度的训练，包括生理学方面的，动物心理学方面的，还要在育儿室里接受实际的照料训练，这样才能在日常生活中照顾好婴儿的生活。

2. 妊娠期的胎儿活动

根据 M. 闵科夫斯基在苏黎世大学对胎儿的观察描述，一个胎儿在 3 个星期左右，就会有心跳现象，大约 2 个月的时候，头部、躯干和四肢部分就有了明显的活动迹象，它们呈现出来的往往是缓慢的、不对称的、不协调的，且幅度较小。到了第 5 个月的时候，胎儿的胃腺开始作用。

事实上，胎儿在子宫内的位置对孩子出生后的行为也会造成影响，并且在很长的一段时间里，孩子为了适应子宫内的成长空间，会让自己的身躯合拢起来。这时，胎儿的背部弓起来，头也前屈得很厉害，下巴几乎与胸部贴合了，大腿朝腹部收缩，膝盖成弯曲状，双臂或交叉放在胸前，或平放在身体两侧。孩子的姿势会根据在子宫内的位置而做出相应的调整，胎动是妊娠期免不了的，但不会影响胎儿在子宫内呈现出的常态姿势。

3. 有趣的幼儿“本能”

通过对百名婴儿从出生到一个月的日常观察，还有对部分婴儿进行的一年的生活观察，我们发现了以下关于非习得反应的一些情况。

打喷嚏：这个反应在婴儿出生时就以成熟的方式呈现出来，婴儿的喷嚏与成人的喷嚏呈现方式并无二致，并且将会伴随人的一生。之所以将其列为非习得反应，是因为习惯因素对它的形成的影响力太小。我们没有尝试过建立起关于打喷嚏的条件反射实验，所以一个人能否通过除嗅觉刺激以外的其他刺激来激发打喷嚏的反应，我们无从得知。但是，在对婴儿的照料过程中，我们发现，将婴儿从阴凉的房间送进较热的房间时，还有将室内的婴儿抱到室外时，他们都会出现打喷嚏的现象。但是，这也仅仅可能是婴儿嗅觉的敏感，因为在两种不同环境下，空气质量的确存在一定程度的差异。

打嗝：一个刚出生的婴儿一般不会出现打嗝的情况，迄今为止，我们最早发现的打嗝现象是从一个婴儿出生 6 个小时后开始的。在出生 7 天后，我们就能够轻松地捕捉到婴儿的打嗝现象。通过我们的生活常识可见，打嗝这种生理反应，是几乎不可能建立起条件反射的。事实上，打嗝是因为胃部充满食物，从而对横膈膜产生压力所致。这也算是非习得的反应之一。

啼哭：啼哭的产生受制于呼吸作用的建立，刚出生的婴儿有时候不会呼吸，为此医院有时会把婴儿浸在冰水里，这时孩子出现了啼哭现象。

啼哭只是针对婴儿所说的，我们在日常的护理工作中发现，婴儿差不多只有在感到饥饿或者受到有害的刺激时才会啼哭。被粗暴地触摸、接受包皮切除手术或者受到威胁时，婴儿都会产生啼哭现象。

当然，我们也尝试通过其他方式来了解，一名婴儿的啼哭究竟是否会让育儿室里的其他婴儿也产生啼哭，结果表明，这是不成立的。为了使得实验过程更有可控性，让啼哭成为一种可以随意调用的有声刺激，我们制作了一张婴儿啼哭的留声唱片。我们先将声源放到一个熟睡的婴儿耳边，结果婴儿没有出现啼哭现象。再接着，我们又把声源放到一个醒着的但状态非常安静的婴儿耳边，同样，婴儿也没有出现啼哭现象。考虑到除了视觉、听觉、嗅觉、触觉、味觉上的有害刺激，其余现象都不足以令孩子啼哭，我们就可以下结论，饥饿和有害刺激是引发啼哭反应的无条件刺激。

撒尿：这个行为是从孩子出生时就有的。无条件的刺激始于人体的内部，婴儿在诞生初期，他们的撒尿行为都是由膀胱中的尿液压力刺激所致。事实上，要对一个婴儿的撒尿行为建立起条件反射是非常需要耐心的。当然，等到他们稍微长大一些，也就是在出生后的第三个月起，我们只要稍微花点工夫就能让他们建立起条件反射。我们可以在这个阶段定期检查婴儿的尿布，如果隔半个小时发现婴儿的尿布是干的，我们便可以将孩子放到尿盆上，以便建立他们的条件反射。重复几次，条件反应就可以形成。

排便：排便的功能是天生的，排便的反应大多是为了降低结肠里的压力而产生的。为了印证这个说法，我们可以将一支医用体温表塞进肛门里，结肠受到刺激后，多半会引起排便反应。

早期眼球运动：婴儿出生后，让他们平躺在婴儿床上，将头部水平安放，他们的眼睛会自然地朝有光的地方看去。刚生下来的婴儿是不能做到随心所欲地控制眼球运动的，他们的双眼需要先适应左右运动，过一段时期后，才会出现上下协调运动。等到他们完全适应全范围的运动时，我们再将照明灯朝着孩子的脸打转，他们的眼睛就会随着灯光绕圈。

微笑：微笑最早出现于对运动感觉的刺激和触觉的刺激，一般情况下，在婴儿出生后的第 4 天就可以看得到。当我们把婴儿喂饱后，触碰其身体的某个部位，例如生殖器或者乳头，婴儿马上会产生微笑的无条件刺激，在婴儿的下巴下或屁股上面挠痒，并慢慢摇晃他，也很容易产生无条件刺激。

随着婴儿一天天长大，这种无条件反射就会转变为条件反射，大约在婴儿出生 30 天后就能测试到。这时候，当人们露出笑容或者对婴儿讲些孩子气的故事时，婴儿便会微笑。当然，有很多婴儿条件反射的首次出现时间要晚一点，通常在 40 ～ 80 天之间。

阴茎勃起：这种现象在男婴出生之时就有可能发生，并且会贯穿一生。引起阴茎勃起的刺激源头尚不清楚，但可以肯定的是，孩子出生时大人对其生殖器的抚摸或者无意识的憋尿行为都有可能成为阴茎勃起的主要刺激，这时候的刺激属于无条件反射。随着婴儿的成长，这种无条件反射也会转变为有条件反射，就像成人通过视觉刺激或者触觉刺激就能勃起一样。所以，无论是男人还是女人，都能通过一定的刺激替代物，例如词语、声音、视频等来促进或者加强性高潮。

男人究竟在哪个年龄会让勃起成为一种条件反射呢？这个问题至今没有确切的答案，不过自慰这种行为可以发生在任何年龄。据实验表明，年龄只有 1 岁的小女孩也会发生自慰。这名女婴当时坐在水盆里玩耍，当她抓起肥皂时，偶然用手指接触到了自己的阴道开口处，该女婴就很快放下了肥皂，并开始揉搓阴道，而且她的脸上露出了笑容。而男婴也会出现这样的反应，据有关病例显示，有一名 4 岁的男孩会经常骑在母亲或保姆身上，当母亲和他一同睡觉时，他的阴茎就会勃起，并且会摆弄和吮吸母亲的乳头，会把阴茎往母亲身上蹭。

手足的运动：当我们给婴儿的脚挠痒或者用一根火柴刺激其足底的时候，就会发现其大脚趾向上翘或向外伸，而其他脚趾则向下缩或屈伸，我们把这种现象称为“巴宾斯基反射”。另外，许多婴儿刚出生时可以做成人无法做到的运动。例如，我们将他们脸朝下放在坚硬的地板上，他们能轻松地做出脸朝上背朝下的翻身运动，而且期间伴随着啼哭。他们把身子下面的双膝提拉，并普遍地收缩肌肉，然后让肌肉放松，慢慢地，一阵阵的痉挛使他们翻转，最后接近于身体侧躺。这种粗笨的反射要持续大约几个星期甚至几个月的时间才能结束，最后，婴儿学会用最少的肌肉力量迅速翻身。

寻乳：就是指用手指轻微碰触婴儿的嘴角或者脸颊，他的头就会转向受刺激的那一边，而且还会伸出舌头想要吸吮东西；还有就是将婴儿放在妈妈怀中，他就会自动寻找妈妈的乳头喝奶。寻乳反射一般在孩子 3 ~ 4 个月大。

吸吮：就是指婴儿把手指或妈妈的乳头放进口中，不需要经过别人的教导，就会自动去含住东西并有规律地吸吮。婴儿做这样的反射动作，也会自主找寻乳头的位置，自动吸吮奶水，以提供身体所需的营养。这个条件反射一般是在婴儿 6 个月大后消失。

惊吓：惊吓反射是指受到突然出现的响声或动作的刺激，例如将婴儿头部稍微抬高然后突然放下，或突然发出较大的声音时，婴儿的四肢及手指会伸直并向外张开，做该动作的目的是自我保护。惊吓反射大概在婴儿处于 3 ~ 4 个月时消失。

踏步：踏步反射是指，当人用手撑在婴儿腋下使之处于直立状态，并让婴儿的脚接触地板、身体轻微前倾时，婴儿就会有双脚左右交互行走的动作，就好像走路一般。这是原始步行的反射动作，这种反射大约在婴儿 2 个月大的时候就会逐渐消失。

眨眼：当婴儿的眼睛被碰到，或者是一阵风吹进婴儿的眼睛时，他就会自然地闭起眼睑。但是，当一个快速飞过的球或剧烈晃动的手出现在他的视野里，并晃过他的眼睛时，他却不会“眨眼”。通常情况下，婴儿出生 100 天之后才会出现眨眼反射，而这种眨眼发射会伴随人的一生。

4.“本能”作为术语的尴尬存在

以上诸多实践的观察、论证有理由让我们充分相信，“本能”作为解释人的心理的概念，已经不能再被继续容纳了。在对婴儿早期成长过程的观察中，我们已发现，甚至在很多简单的动作中，都已经存在着习惯因素的作用。而当我们对照詹姆斯的本能理论还有他列举出的“本能表”，或者其他类似的“本能表”时，我们就会发现，婴儿在他列举的这些所谓的“本能”行为尚未出现时，就已经是习得反应上的“高才生”了。既然习惯的因素在很早之前就已经参与到了婴儿的行为反应中，那么詹姆斯的“本能表”里的行为，又怎么能当作非习得的资质来理解呢？

我们在对婴儿成长过程的观察中发现，他们的每种行为都有一段发展史。虽然从孩子出生后就开始出现了微笑，但是很快，他就能建立起条件反射。比如一见到母亲就会笑，而后对声音刺激、图片刺激也会做出反应；再长大些，可能会对某个词语，某种生活情境做出微笑的反应。在这个过程中，我们笑的原因，与谁在一起，都会决定我们笑的反应。脱离了早期的训练而妄谈本能，这是有悖于事实的。

另外，在一些教育宣传中，我们也经常会看到“让孩子发展他们内在的天性”“自我实现”“自我表现”“野性”“挖掘孩子的潜能”等诸如此类的话，这些话对公众有很大的误导作用。事实上，这种带有误导性质的词语也是由孤僻的、漠视环境作用的、喜欢捕捉自我意识的人“发明”出来的。像“意识流”“潜能”“本能”，发明这些词语的人可能没有意识到，他们正试图把人从自然、社会环境中剥离出来，希冀人到自己的个人世界里去理解整个世界。人作为一个接受刺激，并对刺激做出反应的有机体，离开了环境的作用，就像是种子失去了生长的土壤。也就是说，离开了环境作用的个人习惯的建立，根本不可能达成。人与社会之间缺乏有效的刺激，就会令人丧失很多功能。个人的语言、记忆、运算、逻辑、情感、秩序，都会在世界的荒原中逐渐坍塌，直至消亡。如此，传统心理学的建设根基就被摧毁了，因为他们是那么喜欢用“内省”“本能”这样的词汇去探讨心理学，并强调人从出生就具备一切后天习得的资质，却对“环境、刺激——反应”的作用机制视而不见。

一切复杂的行为都是在简单反应的基础上受环境刺激的作用而发展出来的，为了方便大家清晰把握这一行为心理学理论的中心原则，我们现在引入“活动流”的概念。

5. 非习得性资质

我们对人类非习得资质的研究才刚刚起步，对于婴儿进行出生时以及出生后的阶段观察，我们能够从中发现所有已经在临床神经学里建立起的信号或反射，例如膝跳反射，瞳孔对光的反应，以及其他神经反射机制。婴儿降生后，出现啼哭现象，而后才会产生呼吸、心跳，还有血管的收缩和舒张，有脉搏的跳动。顺着消化系统，我们发现了吮吸、舌部运动和吞咽的现象；饥饿时胃会出现痉挛现象，消化过程中的腺体反应，还有排泄。至于微笑、打喷嚏、打嗝等行为，部分是受消化系统控制的。

还有在成长过程中，不断呈现出的躯干活动。我们将会发现，婴儿的手臂、手腕、手指无时无刻不处在活动的状态中，他们的双腿、脚踝、脚也同样如此，即便是在睡眠中，受到外部些许的刺激，他们也会产生活动。其他的活动诸如眨眼、伸手抓取、爬行、站立、坐直、走路、奔跑、跳跃等，在这些活动中，人的观察能力是非常有限的，很难从中区别出哪些活动是非习得的，哪些活动是经受训练和条件反射形成的。但有一点可以肯定，在婴儿早期的活动中，大部分的活动都是因为结构生长变化的缘故造成的，少部分的是经受训练和条件反射形成的。

6. 婴儿因何啼哭？

为了弄清楚“婴儿因何啼哭”这一问题，琼斯夫人组建了一个实验小组，在这个小组内，共有9名儿童，他们的年龄从16个月到3岁不等。这个实验是在赫克歇尔儿童基金会里进行的，实验小组暂时安排这些孩子住在那里，这些孩子之前一直在家庭里抚养。琼斯夫人对9名儿童进行了跟踪调查，调查的时间是从孩子早晨醒来，直到晚上入睡为止。琼斯夫人的记录非常仔细，不仅记录了对孩子每次微笑的观察结果，还对他们的每一声啼哭都做了记录，同时也记录了哭泣与微笑的准确时间，以及哭泣和微笑对孩子的行为产生的后果。

琼斯夫人经过观察，在没有发表这些观察结果时，向我提供了实验的过程记录，根据儿童啼哭的次数，对引起儿童啼哭的情境进行了排列，顺序如下。

（1）被迫坐在马桶上时，他们会哭泣。

（2）把他们的玩具拿走后，他们会哭泣。

（3）给他们洗脸时，他们会哭泣。

（4）让他们单独一个人在房间中时，他们会哭泣。

（5）当大人离开房间时，他们会哭泣。

（6）没能成功地将某种东西玩到令自己满意时，他们会哭泣。

（7）想和大人或其他孩子玩，但没能做到，或者在自己玩的时候，没能让大人或其他孩子看着自己并和自己交流时，他们会哭泣。

（8）穿衣服的时候，他们会哭泣。

（9）让大人抱起自己，但这个愿望没能实现时，他们会哭泣。

（10）脱衣服时，他们会哭泣。

（11）洗澡时，他们会哭泣。

（12）当鼻子被大人擦洗时，他们会哭泣。

其实，引起哭泣的情境很多，超过100种，我们上面所罗列的这12种，不过只是引起这类反应的常见情境而已。对于孩子在这些情境中所做出的反应，我们可以将其看作无条件的或者有条件的愤怒反应，如（1）（2）（3）（6）（10）（11）（12）。另外，关于（5）（7）（9）这几种情境的反应，我认为应该属于爱的条件反应中接近悲哀情境的某种东西。也就是说，这种悲哀情境消除了儿童对物体或人所形成的依恋，使他们失去了可依赖的人或物，于是，反应出现了。琼斯夫人指出，在许多情境中，孩子们的哭泣行为，与条件反射和无条件反射的恐惧反应有密不可分的关系。例如，大人让孩子们从滑梯顶端滑下，而他们只是站在台子上等。在上述分类中，（4）和（5）两种情境应该说是含有一些恐惧的反应成分的。

当然，对这些反应进行分类时，还应该注意一个问题，那就是啼哭的原因。啼哭也可能是身体的一些因素引起的，比如当孩子感到饥饿、困倦、腹痛，或者遇到其他一些类似的情况时会啼哭。琼斯夫人在对这些儿童进行大量观察和跟踪后发现，很多时候，孩子啼哭发生于上午9～11点之间，因此她认为，此时孩子啼哭的原因，跟这一时间段孩子身体内部的原因有很大关系。基于此，该研究机构在午餐以前，为幼儿安排了两段休息时间。这一安排，使得由身体因素产生的幼儿啼哭次数大大减少了。

第十二章

人体生理反应：外部刺激带来的行为变化

试想一下，行为心理学家通过“刺激一反应”的方程式来解决社会问题，从刺激所激起的反应中积累大量的数据资料，再从引起既定反应的刺激中建立刺激源的数据库，有了这套数据资料，相信行为心理学家的研究会对我们的社会发展产生不可估量的价值。行为心理学家相信，科学地从“刺激一反应”的方程式去研究社会现象，并在此基础上建立起来的社会学的结构和知识，才是真正的社会学。我的SR理论认为，人的行为完全是以刺激与反应的术语进行解释的。我不考虑人的内部状态，我认为这一部分是不切实际的，因此，公式也是“S-R”。我认为学习的实质是形成习惯，而习惯是通过学习将遗传对刺激做出的散乱的、无组织的、无条件的反应变成有组织、确定的条件反应。对此，我提出了两条学习的基本规律。

1. 探寻有效的刺激

如我们之前讨论所知的那样，行为心理学研究的重点是“刺激—反应”，但之前从未有人深入或者试图朝这个方向去研究这些问题，我们和前人一样不甚明朗。行为心理学家的首要任务就是建立起一个庞大的数据库，这个数据库里有着行为心理学家通过客观实验的方法收集的各式各样的“刺激—反应”的资料。行为心理学家在观察这些“刺激—反应”的同时，也会注意到刺激的呈现方式不同给个体的反应所带来的影响，比如是单独呈现，还是复合呈现。测试过程中，我们不但可以改变刺激的呈现方式，包括刺激的强度和刺激作用的时间，而且这些都可以被纳入实验的操作范围，我们可以通过它们来观察个体的反应。

例如，我们可以做这样一个实验，实验的课题是“怎样最有效地唤醒一位沉睡中的母亲”。我们找到一位母亲，她正在自家的院子里躺在椅子上小憩。我们以正常声音向她说话，但是并未引起她的任何反应，这时候，她家院子里的狗朝我们吠叫起来，不过，这仍然没能唤醒她。令人意外的是，狗的吠叫声惊醒了屋子里的婴儿，婴儿啼哭起来。这时，出人意料的事发生了，这个沉睡中的母亲一下子就醒了，并径直跑向孩子的卧室。而后，我们对这个实验过程加以适当的复现，计算出足以唤醒母亲沉睡意志的婴儿哭声的强度和作用时间。再往后，我们对其他母亲进行了相同的实验，通过数据统计，加以逻辑分析，得出一个准确的能够引起母亲反应的婴儿哭声的强度和时间。当然，这仅是一个假设，为的是说明行为心理学研究过程中的科学性、严谨性。

所幸的是，即便之前的人们从未尝试以科学的方法去研究人的行为，但在人类漫长的历史进程中，我们的先人还是在朴素的生活层面上为我们留下了很多经验之谈，上述例子就可以用“婴儿最轻微的哭声也能唤醒一位沉睡的母亲”这个谚语来形容。

如果你认为以上实验不过是人为地对现实生活拙劣的复制，而实际情况远比这复杂，且没有人能够如此好地控制情境和刺激，那不妨让我们顺着这个思路走下去，回到现实。相信谁也不会否认，社会的正常轨道都是希望朝着好的方向发展的，拿企业调动员工积极性为例，我们可以制定各种各样的激励制度来吸引优秀的人才为公司效力，如住房补贴、良好的工作环境，甚至良好的休息环境。我们运用各式各样的刺激，无非都是出于一个目的，即引起他们好的反应。

同样，行为心理学研究的出发点也是如此。为了使得某种好的反应能够被有效应用于社会，行为心理学家也需要通过对这个反应的复制，来确定究竟是什么情境在引起这种特定的反应。从解决不了反应的角度出发，行为心理学的研究也同样有效，即为了使某种不良的反应能够从社会上得以消除，我们也需要对这个反应在实验室里进行复制，以确定这个不良反应的刺激情境。

例如，我在演讲台上发言时，看到你们中有些人昏昏欲睡，虽然极力想睁开眼睛，但还是闭上了眼。而且，这样的情况每天都在发生，只要我们大家坐在这个屋子里超过半小时，就会有人开始打瞌睡。有些人认为，让听众打瞌睡的缘故无非这是一堂愚蠢的讲座。而有些人，如果他们倾向于从科学、客观的角度去看待这个问题，他们可能会认为这是因为通风不佳的缘故。于是，他们会做出一个深入的分析：“在这样一个密闭、拥挤的房间里，这么多人在呼吸，在消耗氧气。这样氧气就会越来越少，二氧化碳会越来越多地被排出，这是对我们的健康产生危害的气体，这也是使我们哈欠连天、昏昏欲睡的罪魁祸首，如果持续的时间足够长的话，它甚至会让人致死。”这是非常合乎常识的分析，但是，我们暂且不讨论密闭的时间足够长的话会不会令人致死的问题，我是对二氧化碳含量上升是导致人们昏睡的直接原因这个猜想产生怀疑。对此，我们已经做了相关的实验，那些大段、琐碎的实验过程将会在这里被省略，我直接告诉你们我们的研究结论：人们昏昏欲睡并非因为二氧化碳的含量升高，而是因为在这个密闭的空间里，皮肤和衣服之间的热量增加。如果我在这里摆上两三台电风扇，使密闭空间的空气流通起来，你的睡意将会全无。所以，行为心理学对“刺激—反应”的研究，不仅能使引起好的反应的刺激情境有效地向社会推广，而且还能将引起不良反应的刺激情境通过实验的发现而得以在社会上消除和控制。

2. 刺激可以替代

此前，我们已反复强调用“刺激—反应”来解决心理问题的合理性，以后不再赘述。下面我们用字母 S 来代表刺激或者复杂的刺激情境，用字母 R 来代表反应。

我们曾说到，刺激作为一种客观存在的影响力，它无处不在，而反应是个体为了适应刺激带来的袭击而准备随时引发的一种固定不变的行为方式。然而，我们再稍稍回味一下这句话，就会发现这种表述并不准确。在上一篇中我们提到，有些刺激第一次开始作用时，并不会使个体产生任何反应，且我们可以肯定这个刺激以后也不会产生作用。不过，一种刺激本身不能使人产生应激反应，不代表它就无法使人产生应激反应，只要我们了解到刺激替代这样的事实。

举例而言，当我们把一束光打在手上时，我们的手不会做出任何反应，但是当我们在实验过程中，让被试者看到这束光的同时，或用小幅度的电击刺激被试者的手，他就会有缩手的反应。把这个过程以一定频率重复过后，我们再打出这束光的时候，被试者就会立即做出缩手的反应。在这个实验中，刺激替代的事实就产生了，本来不足以引起被试者反应的刺激，却让被试者产生了应激反应。我们将之称为“刺激的条件化”，即便这种表述可能不太确切。当然，以上论述全部建立在被试者对光没有形成条件反射的基础上。

与条件刺激相对应的是无条件反射。某些刺激能够引起有机体生来具有的反应。如光线照射眼球，人的瞳孔会关闭，眼球会来回转动；膝跳反射；口中含酸会分泌唾液；等等。

不过，即便人有成千上万种无条件刺激，但与条件刺激相比，还是少之又少。在准备一篇长篇论文时，每个词语的选择，上下文之间布局的连贯性、严谨性，都需要被纳入考虑的范围，而这个过程当中所做出的反应都是条件刺激的结果。我们人对生产工具的使用反应，也是典型的条件刺激的结果。但是，条件刺激和非条件刺激的总数量不论怎样，都是无法统计的。

刺激替代，或称刺激的条件化，使得有机体做出反应的刺激范围大大增加了。我们可以在一种刺激使得个体做出反应的同时，对个体施加另一种刺激，用以替代原有刺激对他的作用。当我们在讨论“刺激—反应”相关问题的时候，必须先弄明白这个刺激究竟是无条件刺激还是有条件刺激。无条件刺激是会引起先天反应的刺激，如光线照射眼球后瞳孔的收缩反应；有条件刺激是发生了刺激替代的刺激，如我们先天只有在品尝到酸性物质的时候，口中才会分泌唾液，但是在我们熟悉了这个刺激后，只要听到、闻到、联想到，就会在口中分泌唾液，这个过程刺激被替代了。

3. 反应亦可以替代

上节我们提到了刺激的替代，现在我们来讨论一下反应的替代。刺激的替代已在前面多番举例，对大家来说理解起来并不困难，但是反应的替代大家还不熟悉，所以在脑海中多番联想也未必有答案。不过，实验已经告诉我们，反应的替代在个体成长的过程中直至生命的尽头，都是会发生的。让我们看下面一个例子。

某只猫，此前引起了一个孩子爱抚、亲昵的反应，但是今天，这只猫让这个孩子紧张起来，开始尖叫，并躲到了大人身后。期间，肯定发生了什么才会引起这两种截然相反的反应。后来，我们了解到，是这只猫在之前和孩子游戏的过程中抓伤了他，以致皮肤被划伤流血，所以孩子的反应也变了。

在“猫”所带来的视觉刺激没有改变时，人做出的反应却改变了，这就是反应替代的例子。从研究的角度出发，刺激替代和反应替代都同样具有重要的意义，但若从解决社会心理问题的角度出发，反应替代的研究价值较之刺激替代的研究价值，则要高得多。我们的生活环境所施加的刺激往往是持久作用的，我们被这些几乎固定不变的生活情境包围着，比如家庭环境、人际关系、工作环境等。而要替换这些环境和社会关系的牵制，代价远远超乎人力所能及。这其中有我们需要照料的父母，需要时常体贴呵护的妻子、孩子，还有来自人际关系上的、工作上的各式各样的刺激。固定的生活圈使得我们疏于反省、懒于反省、对反省麻木，最后使得我们在面对这些持久性刺激时，只能一次又一次地做出加深彼此伤害的反应。我们对这些刺激的反应是失败的、不顺服的，这些失败的反应在破坏我们的健康，并让我们的精神变差。这个问题的指向意义是深远的，即我们是否能够在不改变客观环境的前提下（刺激替代），改变我们对这些刺激的反应（反应替代），让我们在彼此的生活圈里做出良好的、健康的、和谐的反应。

然而，在现在的实际研究工作中，研究员对反应替代是漠不关心的，他们只关心刺激替代。与条件反射一样，反应的抑制也是同样重要的，但是我们也不得不对此忍痛割爱。

4. 建立全新的反应机制

认识到反应替代研究的重要性之后，我们下面要关注的就是新的反应如何在生活中被建立的问题。

虽然从生理结构的角度来说，神经联结在人出生时就已经形成，所以婴儿期之后，不会再有新的方式在脑中生成，这些非习得反应对我们所讨论的在生活中对成人的影响也是可以被忽略的。但这些简单的、无条件的反应却能够在适当的刺激下整合起来，形成复杂、精密的条件反应。数千种非习得的反应，诸如手指、手臂的动，眼睛的动作，脚趾和腿的动作，等等，这些要素因为条件反射的缘故，使我们形成了有组织的、习得的反应，我们称之为“习惯”。

这些对刺激做出无条件的、扩散的反应，是如何形成一连串有节制的条件反应的呢？我们拿白鼠进食的实验来说明。研究之前，我们先让白鼠禁食一天，接着我们将食物放进一个铁笼里。白鼠想要进食，就需要打开铁笼上的小闩，但是它此前并未碰到过相关情况。按照常理来说，此时这个刺激应该会激发它各种先天的、非习得的反应，迫使它围着笼子转，咬咬铁丝，将鼻子探进笼子缝隙里去，用爪子抓铁笼，抬起头向笼子周围闻来闻去。这些反应中，已经包含要打开铁笼所必需的些许反应，它们是：走向门口、抬头、用爪子拉闩子、爬进笼子进食。这个实验如果进行多次，白鼠在这些大量无条件的反应中，就会渐渐寻找到开启笼闩的办法，此后那些与开笼闩无关的反应就会很快消失。类似于为了解决问题而从无条件反应中建立起来的反应，在学术上称为新的或者条件化的反应，就是我们通常所说的习惯。

内省主义者和行为心理学家在习惯养成的领域中进行过诸多研究，例如习惯养成的因素、习惯的正确性、习惯的持久性、习惯的重塑等问题，即便有诸多学者已经研究过习惯形成的问题，且掌握了大量的数据资料，但仍然没有人能够从实验性问题中发现习惯养成的公理。直到今天，还是会有很多人说习惯养成与“刺激—反应”的条件反射的关系尚未明晰。但在我看来，或许是我把这个问题过于简化的缘故，我看不出他们之间还有什么晦涩不明的关系。当我们讨论习惯的时候，刺激往往是恒定不变的，所以，习惯的养成不过是一种条件反应的建立，如同我们在公路上对红绿灯的反应，又如我们早晨 6 ： 30 起来的反应，还有使用工具的反应。习惯作为对固有刺激既定的反应形式，就决定了刺激在这个过程中是有恒定性的，我们只是从非条件、非习得的反应中，建立起了一套新的条件反应。在后面的章节，我们会继续讨论“习惯养成”的问题。

5. 腺体反应中的刺激替代

之前，我们已经说明，个体对刺激所做出的反应来自身体的两组组织：腺体和肌肉（横纹肌和内脏）。巴甫洛夫的一位学生——安雷普博士曾说到，唾液腺不像人体肌肉系统中的其他器官，是混合起来的，它是人体组织中的独立器官，这个腺体的活动比其他肌肉活动起来更好分级，所以在实验中，我们通常选择唾液腺作为测试对象。

能够引起唾液腺反应的原始刺激，通常是将食物放进人的口中。而刺激替代的研究所关心的问题就是能否不通过原始刺激的方式，使用其他诸如几何图形、简单的声音、身体的触碰或者某个符号等一些不能引起唾液腺反应的刺激物，来使个体唾液腺产生分泌反应。

刺激替代方面的研究工作，在动物领域取得的进展较之在人类领域的进展则更为深远。俄国生理学家巴甫洛夫和他的学生主要负责条件反射的研究工作，如前所说，他们是从狗身上开始进行此项实验的。

首先，在狗的腮腺管上做个简单的手术，开个小小的口子，用管子连接起来通向出口，方便唾液腺分泌出的唾液不再流向口腔而是直接从管子里流出去。同时，将管子与测试仪器连接，以便用仪器测试唾液滴数。实验过程中，狗和实验者需要隔离开来，以防受到来自实验者所带来的视觉、嗅觉和听觉上的刺激，致使实验结果不准确。整个过程中，实验者对于刺激的利用，都是在狗所待的房间以外的地方进行的。

经研究观察发现，如果我们将条件刺激和非条件刺激（也就是能够引起唾液腺分泌反应的刺激）同时用上，或者将条件刺激用在非条件刺激之前，那么，这两种情况都是能够产生刺激替代作用的，而且条件反射也会从中建立起来。不过，我们若是将非条件刺激用于条件刺激之前，那么条件反射就不会产生。诸多实验结果表明，只有条件刺激在非条件刺激前施加，并经过20~30次的结合运用，才能使得条件反射发生，两个刺激施加的前后时差可控范围在几秒钟到5分钟以上不等。

接着上面狗的条件反射实验来讨论，现在我们如果想要通过触觉刺激来使条件反射产生作用，我们可以在狗进食前，在狗的腿部施加一点触觉刺激，然后隔一段时间施加无条件刺激，不用多久，触觉刺激（条件刺激）就会像狗食（无条件刺激）一样，让唾液腺产生分泌。于此，我们得到了一个完整的刺激替代的例子。我们可以通过这种刺激替代，来测试一只动物对感官刺激做出反应的整个范围。

上面的实验是通过对狗的触觉刺激来实现条件反射的，刺激替代发现后，可以被应用在很多领域。若我们要测试狗或者其他动物对感官刺激做出反应的范围，就可以按照这个程序来进行。假设，我们已经有了一只能够对光线做出条件反射的狗，现在为了测试它对光线波长做出反应的范围，我们就可以通过不断缩短刺激光线的波长，直到狗不再对其做出反应为止。这样，我们就界定了狗在较短波长中能够做出反应的范围。同样，我们也可以通过不断增加刺激光线的波长，直到狗不再对其做出反应，如此我们又界定了狗在较长波长中能够做出反应的范围。参照这个程序，我们也可以测试狗对听觉刺激做出反应的范围。已有研究者发现，狗对于音频做出反应的范围远远超过了人类，这一切研究工作的实现都有赖于刺激替代的发现。

6. 腺体反应的分化

腺体反应的分化，是指动物腺体在同一种感官刺激的作用下，对感官刺激的不同范围做出不同反应的分化现象。我们依然拿狗的唾液腺分泌反应作为实验对象。在此，我们提出一个疑问，我们能否使狗在听觉作用的刺激下，对不同的音调做出不同的反应？好比使狗对音调 A 做出条件反射，而对音调 B 不做出反应。实验结果表明，在狗所能接受的听觉刺激的范围内，它能够对不同音调做出不同的反应。有些实验者说，狗的确能够对很小的音调差别做出准确的分化反应，而有些研究者则声称狗不能对音调差别做出分化反应。我们拿出以上事实的前提是，必须在实验过程中对不同音调刺激的使用做出严格的限制，即对于音调 A 的使用必须在给狗喂食前响起，而音调 B 响起时则绝不喂食。唯有如此，我们才能得到理想的结果。

同样的方法在对其他感觉领域进行测试时也同样适用，如狗对气味、光线波长、触觉的差异等做出的分化反应。

对狗的唾液反射的研究，使得我们对刺激替代有了一些清晰、深刻的认识。

（1）条件反射的建立和习惯的建立一样，不是恒久性的，而是不稳定的。假设我们已经通过刺激替代建立了一种条件反射，能够在条件刺激每次施加后都做出反应，但如果我们将事后的非条件刺激撤去之后，不用多久，条件反射就会消失。不过，这些在日后也可以迅速建立起来，只要重复以前的实验过程就可以。我们在对狗的唾液腺分泌反应的测试中发现，建立起条件反射的狗，时隔两年，经过几次的强化实验后，就又完全恢复了。

（2）实验过程中，可以使替代的刺激更加精细、稳固，从而使其他同类的刺激不再引起条件反射。好比我们让狗对某个音调产生条件反应之后，其他任何音调都不会引起同样的反应。

（3）对刺激程度的掌控可以使反应程度发生变化。如果实验者想令反应程度增强，就可以通过增加刺激的程度来实现。我们还发现，如果一种能够引起条件反射的连续刺激在后来的实验中突然被中断，那同样会引起反应程度的加强。

（4）刺激替代中还可实现对反应的累积效应。比如，我们通过实验，已经建立起狗对声音和颜色的条件反射，而在后来的过程中，我们将这两个刺激同时用上，狗分泌出的唾液滴数则会明显增加。

（5）条件反射也可以消退。我们之前说过，缺乏条件刺激的实施，会令条件反射消退。但我们也可以通过完全相反的方式，即十分迅速地重复施加刺激，令条件反射消退。然而，这种消退现象并非如其他人所想的那样，是缘于实验对象的疲劳状态。实验结果表明，一只能够对声音和颜色都做出条件反射的狗，如果在视觉刺激引起的条件反射消退后，它依然可以通过听觉刺激来引起条件反应。

7. 关于人类的“流口水”实验

之前我们所有的实验都是在狗身上进行的，但因为实验条件不允许，我们无法在人身上像在狗身上一样做开口的手术。为此，K.S. 拉什利博士研制了一台能够实现对人的唾液分泌进行反应测试的小型仪器。它是一个小圆盘，直径和五分钱的硬币一样大。结构设置得很巧妙，圆盘中间是个槽，将盘内的空间分为两个小室，互不连通。每个小室都有细小的导管通向外面，一个是用来将唾液引出口腔外做测试用，另一个是为了连接抽吸器，使圆盘处于部分真空状态，方便它紧紧贴在人的脸颊的内表面。这套仪器现在被称为“唾液计”，它比你想象中的要舒适许多，人们戴上它以后绝不影响正常的吃饭和睡眠。

有了这个仪器，我们对狗的唾液腺做出的测试同样可以用在人身上，实验结果表明，人对刺激替代所做出的反应与狗别无二致。好比将一个盛了酸液的滴管放到人面前，人的唾液腺不会因为眼睛看到了滴管就开始分泌唾液，但若是将这个滴管里的酸液滴进人的口中，那人以后在看到这个滴管时，很快就会分泌出唾液。这里，我们不但建立了被试者的条件反射，而且被试者唾液反应的刺激范围也被扩大了。

我们在此对“内省”提出质疑，动物腺体条件反射的过程，根本不存在所谓的“观念联想”的问题，腺体也并非在意愿的控制之下才开始或者停止它的分泌活动的。如此，“内省”如何发生?

那么，其他腺体究竟能否形成条件反射？巴甫洛夫和他的学生，还有诸多研究者已经证实，胃腺和其他内脏腺如同唾液腺一样，能够形成条件反射。虽然对一些其他管道腺条件反射的研究尚未展开，但是我们有理由相信，它们和这些腺体形成条件反射的机制别无二致，只要将非条件刺激和条件刺激的关系安排到位。而像一些特殊的腺体，如甲状腺、肾上腺、松果体等这类无管腺是否能够形成条件反射，我们目前还无法对它们进行测试。但是在情绪反应中，条件反射得以形成，是有赖于全身的腺体作用。无管腺在其中也和其他腺体一样发生了条件反射。我们有非常充分的证据证明，在形成条件反射的情绪反应中，肾上腺和甲状腺发挥功能的节奏明显改变了。

8. 各式反应中的刺激替代

我们的生活经验已经表明，一般视觉或者听觉上的刺激很难让我们产生反应，但能够引起手臂、腿部、躯干、手指等横纹肌条件反应的刺激是可以实现替代的。最简单的就像通过划伤、摩擦、电击等刺激，可以使本来不足以令人见到它们就产生反应的事物，因为有了先前施加刺激的缘故，就引起了诸如手臂、手指等横纹肌的反应。

再如，普通的电子蜂鸣器的鸣叫不会引起人们身体上的任何反应，但若是将其与电击联合起来，在每次蜂鸣器响起时，就对被试者的手施加轻微的电击，如此反复多次，那么以后蜂鸣器再响起时，被试者的手就会形成条件反射，快速缩回。

以上是横纹肌的条件反射。在整个人体反应领域中，能够引起喜怒哀乐等情绪反应的无条件刺激也能被替代。我们之前的实验结果已经表明，在条件反射领域内，已经说明了能够引起情绪反应的原因，刺激数目之所以能够不断增加，正是因为它们对内脏组织产生了作用，这中间不需要通过情绪的引导或者人为意志的控制。这些实验已经排除了情绪内省理论的需要，即便如此，相信后来的内省主义者还是会不厌其烦地在向大家阐述内省的道理，好像真的有一种情绪理论一样。

事实上，关于刺激替代的研究，完全是在内省主义者的研究领域之外，他们无法驾驭这些反应。事实也证明，内省主义的心理学研究方向是十分贫乏、空洞的，在以后的论述中，我们将会表明它不过是供讨论人体反应时用到的错误概念，算不上是真正的心理学研究方法。

9. 手的惯用性

行为心理学家在用手习惯的问题上也做过详细、深入的观察，我们相信，在社会因素没有真正向人施加它的影响力时，我们的用手习惯，也就是左右手分工的问题实际上还没有形成固定的分化。在孩童时期，因为接受社会训练较少的缘故，我们可以随心所欲地使用左右手，但是之后，我们渐渐有能力自理的时候，大人就会对我们说“你应该用右手”“用右手拿笔”“用右手拿刀子”“用右手和别人握手”。我们会在很多场合不自觉地创造使用右手的空间，就像有些人抱起孩子时会习惯性地为孩子的右手腾出空间，好令他能用右手与别人挥手说再见。就这样，社会的影响不断地刺激我们的左右手使用分化，长此以往，就形成了强有力的条件反射。然而，要问为何我们习惯用右手，这个问题大概要追溯至原始社会。

在人类靠狩猎过活的时期，因为心脏在左的缘故，我们的祖先需要用左手举着盾牌保护自己的心脏，而右手则负责攻击、投掷，负责担当复杂的工作。照这个历史渊源来理解的话，人类为何一直惯用右手来处理事务的问题就很好解释了。并非是在人类完全脱离了狩猎时代，文字和书稿才发挥它们的作用，事实是，在盾牌和武器还没有在人类文明中被搁置很久之前，文字和书稿就已经开始发挥它们的功用了。在整个人类文明推进的进程中，武器的锻造、服装的裁剪、文字的书写，还有各种各样的手工制品，实际上都是由人们的右手完成的。

曾有人反映，历史上很多名声赫赫的人物，他们都有使用左手书写的习惯，于是有人说，很多富有智慧的人都是左撇子，他们因此就想改变自己使用右手的习惯。但是我认为，如果这种习惯的建立是在成长阶段的早期，而且处理方法十分得当的话，那就不会对他们产生伤害。同样，对于想要纠正那些抗拒社会压力的人，坚持使用左手做事的人，我们也需要用相同的态度去处理。

这种纠正如果是在后期的话，将会变得十分困难，而且会令孩子的心智受损。我们的表达能力，是一种在书面上将行动转译成语言，在肢体上将语言转译成为行动的能力。若是我们强制扭转一个惯用左手的人使用右手，或者强制一个惯用右手的人使用左手，就很可能会让孩子的心智退化到6个月大时的水平。这个过程实际上是一个不断干扰表达能力的过程，因为语言和用手习惯形成了长期的条件反射，肢体上的使用受限，势必会令表达能力受挫。重新建立起他使用另一只手的习惯，就意味着要重新用肢体去建立表达的习惯，用表达去建立用手的习惯，这样，孩子就等于退回到了婴幼儿时期。因此，在家长和老师向这些孩子施加影响时，不论是在态度还是处理方法上都要明智对待。

所以，行为心理学家认为，手的使用问题不能被作为本能来看待，也不是由生理上的缘故决定的，左右手分化的使用习惯实际上是因为受到社会环境的影响而建立的条件反射。这就解释了为什么有些人能够完全惯用左手，有些人能够左右手混用，这都是成长过程中建立起来的条件反射。

10. 行为心理学也要研究“人体构造”

对生理学、解剖学有过一定涉猎的人都知道，人体在这两个学科里是被分解开来进行研究的。我们需要理清，何为消化系统？何为循环系统？何为呼吸系统？何为神经系统？然后在这些系统里对其中的各个器官一一进行研究。然而，行为心理学的研究角度则完全相反，他们对人体构成的问题是从整体的行为反应上去研究的。行为心理学家关注的是整个有机系统的协调运作，而不是局部器官的活动。在这里，每个器官功能方面的知识的重要性被削弱了，即便行为心理学家不具备这方面的知识，也不影响他继续展开研究工作。不过，补充一下关于生理学的知识对于行为心理学家是有益的。

人体结构的精细程度远比现在人类所创造的一切事物复杂数百万倍，它能够从事很多复杂的活动，比如计算、规划、表达、构架……然而其能力虽然多样，但也有限制性。人类的奔跑速度是有限的，能够举起的重物负荷是有限的，存活的时间是有限的……人虽然能够处理很多事物，但其本质与机器无异，器官机器只要有一个部位出现了问题，就会导致整部机器的故障，影响正常运作。在内省主义者那里，人体中的中枢神经系统是一个神秘的事物，但对行为心理学家来说，神经系统受重视的程度远远不及他们对于人体横纹肌、胃部平滑肌、腺体的关注。为此，他们受到了内省主义者的指责。

客观说来，神经系统和肌肉腺体一样，是人体的一个组成部分，它可以使得肌肉和腺体在刺激作用下做出更敏捷、更协调一致的反应，其中没有什么神秘的成分。一个正常人因为神经系统的缘故，在身体受到刺激的情况下会迅速做出反应，但缺少了神经系统的动物、植物，它们对于触摸、光线、声音刺激的反应是迟缓的。神经系统就好像一个传感器，将来自外界的刺激信息迅速传递到反应器（肌肉和腺体）上。通过以上简短的介绍，就是希望行为心理学家对神经系统也引起重视，而不是单单将其当作一个器官看待。

很多人都知道，人体组织是由细胞组成的器官构成的，细胞作为构成生命物质的微小单位，只有在显微镜下才能被看见，它的外面覆盖着一层细胞核。细胞内含有一团细胞膜，它是一种极为复杂的化学物质，含有多种不同类型的微粒。研究发现，四种不同类型的细胞和它们构成的基本组织，通过不同的组合方式，形成了人体的各个器官——心、肝、脾、肺、肾、皮肤、肌肉、腺体等。

假设想要构造出一个人体，而且不同种类的细胞放在我们面前供我们使用，那么我们将要如何开展工作呢？

首先我们需要从人的表皮开始做工作，将一些细胞组成覆盖于人体的表面，然后在一些特殊的部位，改变细胞的组织结构，以便使我们能够从中辨别出手、脚、头发。还有一些结构如眼角膜，我们需要更换组织中的细胞，以便使其能够透光。为了构建消化系统，我们还需要一些细胞组成内管和内腔，使它们形成消化道——嘴、舌、胃、小肠、大肠。我们还需要让细胞构成血管和脑内通道，然后将这些组织整合成为腺体的结构……

当各种细胞组成一个个器官后，我们还要对器官进行简单的分类，可以将其分为感觉器官、反应器官、神经系统器官等。行为心理学家研究器官也是为了间接地分析刺激，我们可以用一个表格直观地表述出来。

感觉器官	所感受到的刺激
视觉——眼睛	轻微的震动
听觉——耳朵	空气的传播
嗅觉——鼻子	各种小颗粒（气态物质）
味觉——舌头	有味道的物质（液体或者固体）
肤觉——皮肤	暖、热、冷、寒、刺、割、灼烧
动觉——肌肉	肌肉和肌腱位置的改变
平衡——耳朵	头部或者颈部位置的改变

另外，对于甲状腺、甲状旁腺、肾上腺、性腺等各种腺体的研究，也是行为心理学家需要涉及的方面。如果有人问为什么要学这些，很简单，因为行为心理学作为一门心理学的同时，它也是一门自然科学。研究人体构造也是为后续的实验打基础，但对于这些东西的学习不用涉及太深，因为行为心理学家只把它们当作一种研究的工具。

附录一：

约翰·华生年谱

1878 年 1 月 9 日，出生在美国南卡罗来纳州的格林维尔附近的特拉弗勒斯·雷斯特。

1891 年，父亲抛弃家庭，母亲在卖掉农场以后，搬到格林维尔镇居住。来自农村的华生经常受到同学的嘲弄，学业表现极差，而且曾经两次被捕——第一次是因为打架，第二次是因为在城内鸣枪。

1894 年，进入福尔曼大学选修禅学，五年后获得文科硕士学位。

在获得硕士学位并从福尔曼大学毕业以后，在一所只有一间教室的小学担任了一年的校长。

1900 年，进入芝加哥大学深造的机会，师从教育哲学家约翰·杜威，继续研究哲学，准备考取哲学博士。但后来逐渐丧失了对哲学的热情，转入心理学研究，师从心理学家詹姆斯·罗兰·安吉尔、神经生理学家亨利·唐纳森。

1903 年，以题为《动物的教育》的论文获芝加哥大学心理学博士学位，随之出任芝加哥大学讲师，教授实验心理学。他当时在学校的教学和研究内容以构造主义心理学为核心，并在地下室搭建了自己的实验室来做研究。

1904 年，与玛丽·伊克斯结婚。

1908 年，到约翰斯·霍普金斯大学做心理学教授，并很快担任心理系主任。

同年，在哥伦比亚大学的演讲中，提到了如何让心理学研究更加客观化的问题，这是华生创建自己的心理学理论的契机。

1911 年，开始在多家心理学期刊担任编辑，长达十多年。

1913 年，发表了题为《一个行为主义者所认为的心理学》的论文，标志着行为主义心理学的正式诞生。

1914 年，出版了《行为——比较心理学导论》一书，在这本书里，他建立了初具规模的行为主义心理学理论体系。

1915 年，当选为美国心理学会主席。

1917 ~ 1918 年，第一次世界大战期间，加入美国军队，并在美国军事航空服务社担任少校。

1918 年，开始以幼儿为对象进行研究，这是以人类婴幼儿为实验对象的最早尝试。

1919 年，代表作《行为主义观点的心理学》一书出版。在这本书里，他采用了巴甫洛夫的条件反射概念，系统地阐述了他的行为主义心理学理论体系。

1920 年，进行了后来备受争议的小阿尔伯特实验。

1920 年 9 月，因为与自己的研究生兼助手罗莎莉·雷纳的桃色丑闻，被迫离开霍普金斯大学。

1921 年，与玛丽·伊克斯离婚，与罗莎莉·雷纳结婚。

1921年，进入智威汤逊广告公司工作。

1924年，成为智威汤逊广告公司副总裁。

1925年，《行为主义》一书出版，这本书通俗生动地讲述了华生的行为主义理论。

1930年，对自己的《行为主义》进行了再次修订。

1935年，第二任妻子罗莎莉·雷纳去世，享年36岁。

1936年，成为威廉·埃斯蒂公司副总裁。

1946年，从商界退休，在康涅狄格州的一个农庄中安度晚年。

1957年，美国心理学会对华生的贡献做出了赞扬，称他的工作是“现代心理学的形式与内容的极其重要的决定因素之一，是持久不变的、富有成果的研究路线的出发点”。

1958年9月25日，逝世，享年80岁。在临终的前几年，他烧毁了除自己的学术著作外的大量的私人信件和私人文件。

附录二：

约翰·华生名言

1. 给我一打健全的婴儿，我可以保证，在其中随机选出一个，就可以将他训练成为我所选定的任何类型的人物——医生、律师、艺术家、商人，或者乞丐、窃贼，不用考虑他的天赋、倾向、能力，祖先的职业与种族。

2. 人格乃是我们所有的各种习惯系统的最后产物。

3. 环境改变的程度越高，则人格改变的程度也越高。

4. 一切本能活动的主要任务在于引发学习的过程。

5. 理论目标就是对行为的预测和控制。

6. 我最大的心愿就是拥有一个完善的实验室，在这个实验室里，我能够抚养刚出生的婴儿，直到他们三四岁，以便持续地观察他们。

7. 每个人都有一个与躯体相分离的独特的灵魂。

8. 即便你掌握了有关习惯形成的一切资料，你仍然无法构成习惯形成的公认理论。

9. 长时期地对行为进行密切观察，是我们对人格做出结论的唯一方法。

10. 一个人越是想密切地观察人类生活，他就越能得出这样一个结论：看来最有实力的东西恰恰是一个人的主要弱点。

11. “意义”只是一种告诉个体他正在做什么的方式。

附录三：

约翰·华生理论思想

1. 行为主义理论

华生将刺激（stimulus）和反应（response）两个术语作为他的行为主义的理论基础。他以这两个英文单词的大写首字母“S”和“R”为代表，构建了著名的S-R公式。

华生首先将刺激以及反应进行人体机能化，用抬手臂、尖叫等明显动作，腺体反应、内分泌系统、循环系统变化等微小反应，替代传统的高兴、兴奋等模糊词语，再通过观察法、条件反射法、言语报告法、测验法和社会实验法等方法来进行S-R公式配对，从而考察人们的刺激与反应有序组合情况。通过广泛收集人以及社会的S-R配对，为接下来的心理学研究以及其他社会学研究提供原始资料。

2. 遗传本能与环境的关系

华生关于遗传本能的观点，在他的思想早期与晚期存在明显差异。在早期思想中，他并不否认遗传本能的作用，也按照构造心理学的做法，使用知觉、激情、情绪和意义等术语。随着华生对于心理学研究客观化的强调，他越来越排斥使用这些词语，也越来越否认遗传本能的作用。到了晚期，华生毫不掩饰地说：“在心理学中再也不需要本能的概念了。”由此他提出了他最著名的“一打婴儿”的名言。

3. 情绪理论

关于情绪，华生认为，情绪只是人类不同的反应类型而已。在身体机能上，不同的情绪只是内心以及腺体系统不同程度的变化组合，只有现实中的不同刺激与人身上的这些反应类型对应形成有序关系，才能形成我们所知道的本能——华生认为这种对应关系的形成是后天的，而非遗传得来的。

并且，他通过广受学术道德非议的“小阿尔伯特实验”，证明了这种有序关系建立以及消除的过程。这也从侧面反驳了“遗传的本能作用”的传统观点，更直接否认了传统的精神分析法。

4. 语言和思维理论

与传统认为的思维必须以语言为载体不同，华生认为，思维也是人的一种感觉运动，可以完全脱离语言而存在。华生认为人的思维包括动作、语言、内心反应三个部分，这三个部分可以通过同时运作来完成思维过程，也可以通过两两搭配来完成思维过程，还可以通过其中单独一部分来完成思维过程。华生在他的著作中直接说：“即使语言过程没有出现，动作和内心的组织在思维时也是工作的——它表明了，即使没有语言，我们仍在用某种方式继续思维过程！”

5. 人格理论

与精神分析学派以及荣格的性格心理学不同，华生认为，人格是一切动作的总和，是情境以及众多习惯系统综合支配的结果。因此，在华生看来，可以通过改变个体所处的环境来改变个体的人格，从而重塑个体。以此为基础，华生提出了他关于人格的“环境决定论”的说法，甚至期待在未来出现一种专门靠改变环境来转变“病态人格”的医院。

6. 感觉理论

作为一个极度追求心理学研究客观性的学者，华生将大部分心理学家所使用的诸如刺激、反应等感觉术语用“视反应”“痛反应”来代替，从而与情绪理论一起，将传统心理学的感觉理论用人体机能理论代替，并以人体机能反应为出发点，在最大限度上使心理学研究得以客观化。